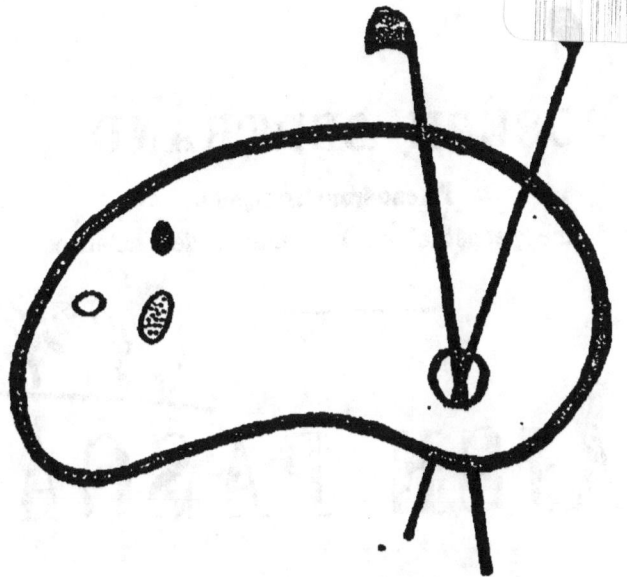

**DEBUT D'UNE SERIE DE DOCUMENTS
EN COULEUR**

JOSEPH BERTRAND

De l'Académie française
Secrétaire perpétuel de l'Académie des sciences

BLAISE PASCAL

PARIS
CALMANN LÉVY, ÉDITEUR
RUE AUBER 3, ET BOULEVARD DES ITALIENS, 15
A LA LIBRAIRIE NOUVELLE

1891

CALMANN LÉVY, ÉDITEUR

DERNIÈRES PUBLICATIONS

— Format in-8° —

LE DUC D'AUMALE
Histoire des princes de Condé, 5 volumes 37 50
Atlas pour servir à l'histoire des princes de Condé .... 5 »

FEU LE DUC DE BROGLIE
Souvenirs, 4 volumes .... 30 »

DUC DE BROGLIE
Histoire et Diplomatie, 1 vol... 7 50

PAUL DÉROULÈDE
Les Chants du soldat, 1 volume illustré .... 15 »

GYP
Les Chasseurs, 1 vol. illustré. 20 »

LUDOVIC HALÉVY
L'abbé Constantin, 1 vol. illust. 15 »

PIERRE LOTI
Madame Chrysanthème, 1 volume illustré .... 15 »

PRINCE LUBOMIRSKI
Histoire contemporaine de l'Europe, t. I 7 50

EUGÈNE MANUEL
Poésies du foyer et de l'école, 1 volume .... 6 »

DÉSIRÉ NISARD
Ægri Somnia, 1 volume 7 50

DUC D'ORLÉANS
Lettres, 1825-1842, publiées par ses fils le Comte de Paris et le Duc de Chartres, avec un portrait d'Alfred de Dreux, 1 volume 7 50

DUC DE NOAILLES
Cent ans de République aux États-Unis, t. II et dernier... 7 50

COMTE DE PARIS
Histoire de la Guerre civile en Amérique, t. I à VII 52 50
Atlas pour servir à l'histoire de la guerre civile en Amérique, livraisons I à VI .... 45 »

LUCIEN PEREY
Histoire d'une grande dame au XVIIIᵉ siècle : La princesse de Ligne, 1 volume 7 50
— La comtesse Hélène Potocka, 1 volume 7 50

E. PÉROZ
Au Soudan français, 1 vol..... 7 50

ERNEST RENAN
Drames philosophiques, 1 vol. 7 50
Histoire du peuple d'Israël, t. I et II .... 15 »

BERTRAND ROBIDOU
Histoire du clergé pendant la Révolution française, t. I.... 7 50

E. ROTHAN
La France et sa politique extérieure en 1867, 2 volumes. 15 »
La Prusse et son roi pendant la guerre de Crimée, 1 vol.. 7 50

GEORGE SAND
François le Champi, 1 volume illustré .... 15 »

EDMOND SCHERER
Melchior Grimm, 1 volume... 7 50

L. THOUVENEL
Le Secret de l'Empereur, 2 vol. 15 »

Paris. — Imprimerie J. CATHY, 3, rue Auber.

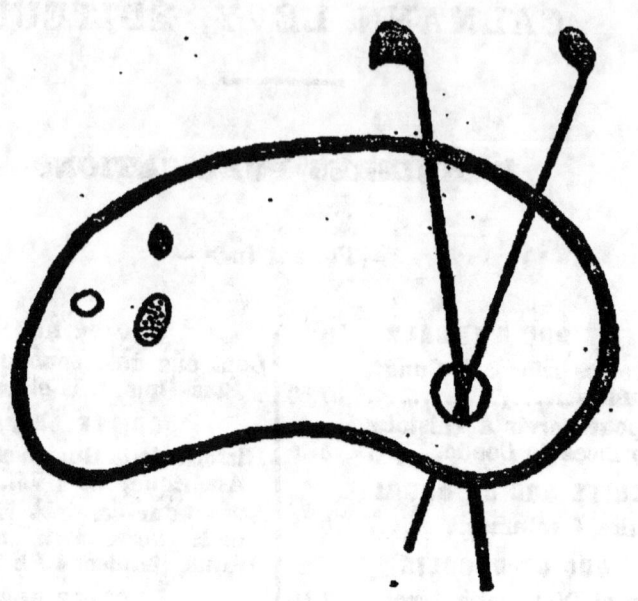

FIN D'UNE SERIE DE DOCUMENTS EN COULEUR

BLAISE PASCAL

Ln 27/39474

COULOMMIERS. — IMP. PAUL BRODARD.

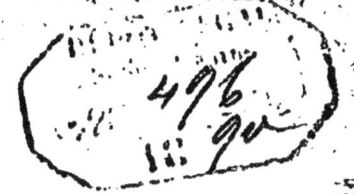

BLAISE PASCAL

PAR

JOSEPH BERTRAND

De l'Académie française.
Secrétaire perpétuel de l'Académie des sciences.

PARIS
CALMANN LÉVY, ÉDITEUR
ANCIENNE MAISON MICHEL LÉVY FRÈRES
3, RUE AUBER, 3
—
1891
Droits de reproduction et de traduction réservés.

PRÉFACE

> J'accuse merveilleusement cette vicieuse forme d'opinion : Il est de la Ligue, car il admire la grâce de M. de Guise. L'activité du roi de Navarre l'étonne, il est huguenot. Il trouve ceci à dire aux mœurs du roy, il est séditieux en son cœur.
>
> MONTAIGNE.

Ami lecteur,

Avant d'ouvrir un livre nouveau sur Pascal, tu demanderas peut-être : est-il d'un libre penseur ou d'un chrétien? d'un protestant ou d'un catholique? d'un janséniste ou d'un jésuite? L'auteur tient-il pour Pélage ou pour saint Augustin? Tu n'en sauras rien.

Si j'ai suivi le plan que je m'étais tracé, la lecture du livre ne te l'apprendra pas. Je n'ai garde de te le dire au début. Ce n'est pas ma confession que je veux faire. Il s'agit de Pascal et de lui seul. Après m'être instruit le mieux qu'il m'a été possible, de sa vie, de ses idées et de son œuvre, je te les raconterai le moins mal que je pourrai. Le moi est haïssable, je prétends complètement m'effacer, c'est pour cela que j'ose me dire ton ami. Avant de se connaître tous les hommes sont frères.

Je livre ce volume à tes critiques et je le dédie à mon frère

ALEXANDRE BERTRAND

en témoignage d'une amitié qui, depuis soixante ans, est restée sans nuages.

Pascal a dit : C'est un mathématicien, je n'ai que faire de mathématiques, il me prendrait pour une proposition.

Qu'il se rassure. L'audace d'étudier librement l'auteur des Provinciales *et des* Pensées *ne va pas jusqu'à le prendre pour une proposition qui se démontre. Je veux au contraire, en rappelant tout d'abord ce qu'ont pensé de lui des juges qui valaient mieux que moi, m'incliner profondément devant sa gloire et devant la renommée aussi de ceux qui l'ont loué. A tout homme la mort est réservée, à toute œuvre humaine, l'oubli. La mort vient vite; l'oubli plus vite encore pour la plupart, lentement pour quelques élus; il n'a pas commencé pour Pascal.*

On admire les Provinciales *comme en 1656. On lit les* Pensées *et on les cite comme en 1670. Le succès n'est pas épuisé, et chaque critique littéraire à son tour vient y ajouter le poids de son admiration. Quelques-uns, pour avoir inscrit leur nom sur l'admirable monument, ont accru leurs chances d'immortalité. L'une des deux phrases des plus souvent citées de Chateaubriand et que, dans ses* Œuvres, *on oubliera les dernières, célèbre la gloire de Pascal, l'autre menace celle de Napoléon.*

Les pages brillantes écrites sur Pascal formeraient un livre. Le Pyrrhonisme y serait rare. On admire ou on se tait; on admire surtout, le sujet est si beau!

Ce livre, de composition facile, paraîtrait fatigant sans doute; il ne sera pas sans intérêt d'en extraire une préface. C'est le parti que j'ai voulu prendre.

Il avait une éloquence naturelle qui lui donnait une facilité merveilleuse à dire ce qu'il voulait; mais il avait ajouté à cela des règles dont on ne s'était pas avisé et dont il se servait si avantageusement qu'il était maître de son style; en sorte que, non seulement il disait tout ce qu'il voulait, mais il le disait en la manière qu'il voulait et son discours faisait l'effet qu'il s'était proposé. Et cette manière d'écrire, naturelle, naïve et forte en même temps, lui était si propre et si particulière qu'aussitôt qu'on vit paraître les lettres ou *Provinciales*, on vit bien qu'elles étaient de lui, quelque soin qu'il ait toujours pris de le cacher même à ses proches.

GILBERTE PERIER.

Le livre des *Pensées* a surpassé ce que j'attendais d'un esprit que je croyais le plus grand qui eût paru en notre siècle et si je n'ose pas dire que saint Augustin aurait eu peine à égaler ce que je vois par ces fragments que M. Pascal pouvait faire, je ne saurais dire qu'il eût pu le surpasser : au moins je ne vois que ces deux qu'on puisse comparer l'un à l'autre.

    Lenain de Tillemont.

.·.

Feu M. Pascal, qui savait autant de véritable rhétorique que personne en ait jamais su, allait jusqu'à prétendre qu'un honnête homme devait éviter de se nommer et même de se servir des mots de *je* et de *moi*.

    Logique de Port-Royal.

.·.

Je ne m'arrête point à dire qui était cet homme que non seulement toute la France mais toute l'Europe a lu et admiré. Son esprit toujours vif, toujours agissant, était d'une étendue, d'une élévation, d'une fermeté, d'une pénétration et d'une netteté au delà de ce qu'on peut croire, il n'y avait point d'hommes habiles dans les mathématiques qui ne lui cèdent.

    Mémoires de Fontaine *pour servir à l'histoire de Port-Royal.*

.·.

Quelquefois, pour nous divertir, nous lisons les petites *Lettres*. Mon Dieu, quel charme! et comme mon fils les lit! Je songe toujours à ma fille, et combien cet excès de justesse de raisonnement serait digne d'elle; mais, votre frère dit que vous trouvez que c'est toujours la même chose. Oh! mon Dieu, tant mieux! Peut-on avoir un style plus parfait, une raillerie plus fine, plus naturelle, plus délicate, plus digne fille de ces dialogues de Platon qui sont si beaux. Et lorsque, après les deux premières *Lettres*, il s'adresse aux révérends Pères, quel sérieux! quelle solidité! quelle force! quelle éloquence! quel amour pour Dieu et pour la vérité! quelle manière de la soutenir et de la faire entendre! C'est tout cela qu'on trouve dans les huit dernières *Lettres* qui sont sur un ton tout différent.

MADAME DE SÉVIGNÉ.

⁂

M. de Puget me fait bien de l'honneur de me mettre en regard, pour me servir de vos termes, avec M. Pascal. Rien ne me saurait être plus agréable que de me voir mis en parallèle avec un si merveilleux génie.

BOILEAU.

⁂

Que dira le plaisant? Il voudra qu'il lui soit permis de rire quelquefois, quand ce ne serait que d'un jésuite; il vous prouvera, comme ont fait vos amis, que la raillerie est permise, que les Pères ont ri, que Dieu même a raillé. Et vous semble-t-il que les *Lettres provinciales* soient autre chose que des comédies? Dites-moi, messieurs, qu'est-ce qui se passe dans des comédies? On y joue un valet fourbe, un bourgeois avare, un marquis extravagant, et tout ce qu'il y a dans le monde de plus digne de risée. J'avoue que le provincial a mieux choisi ses personnages, il les a cherchés dans les couvents et dans la Sorbonne; il introduit sur la scène tantôt des jacobins, tantôt des docteurs, et toujours des jésuites. Combien de rôles leur fait-il jouer! tantôt il arrive un jésuite bonhomme, tantôt un jésuite méchant, et toujours un jésuite ridicule. Le monde en a ri pendant quelque temps, et le plus austère janséniste aurait cru trahir la vérité que de n'en pas rire.

RACINE.

***

Les *Lettres provinciales*, qui paraissaient alors, étaient un modèle d'éloquence et de plaisanterie. Les meilleures comédies de Molière n'ont pas plus de sel que les premières *Lettres provinciales*. Bossuet n'a rien de plus sublime que les dernières.

VOLTAIRE.

***

La langue française était loin d'être formée comme on peut en juger par la plupart des ouvrages alors publiés et dont la lecture est intolérable. Dans les *Lettres provinciales*, il n'y a pas un seul mot qui ait vieilli, et ce livre, bien que composé il y a plus d'un siècle, semble n'être écrit que d'hier.

D'ALEMBERT.

⁂

Celui qui a élevé notre langue au-dessus des autres langues modernes, et jusqu'au niveau des anciens, ce n'est pas Boileau, c'est Pascal. Les années 1656 et 1657 durant lesquelles ses dix-neuf *Lettres* ont paru, sont la plus mémorable époque des progrès de la prose française. Le premier mérite de Boileau fut de sentir vivement l'excellence des *Provinciales*; nul n'a plus révéré, proclamé, consacré, leur autorité littéraire. Il exigeait qu'on les préférât à toutes les productions des temps modernes; et, ce qui était de sa part le comble et presque l'excès de l'admiration, il les comparait aux chefs-d'œuvre de l'antiquité.

DAUNOU.

⁂

Il y avait un homme qui, à douze ans, avec des barres et des ronds avait créé les mathématiques; qui, à seize, avait fait le plus savant traité des coniques qu'on eût vu depuis l'antiquité; qui, à dix-neuf, réduisit en machine une science qui existe tout entière dans l'entendement; qui, à vingt-trois, démontra les phénomènes de la pesanteur de l'air, et détruisit une des grandes erreurs de l'ancienne physique; qui, à cet âge où les autres hommes commencent à peine de naître, ayant achevé de parcourir le cercle des sciences humaines, s'aperçut de leur néant et tourna ses pensées vers la religion; qui, depuis ce moment jusqu'à sa mort, arrivée dans sa trente-neuvième année, toujours infirme et souffrant, fixa la langue que parlèrent Bossuet et Racine, donna le modèle de la plus parfaite plaisanterie, comme du raisonnement le plus fort; enfin qui, dans les courts intervalles de ses maux, résolut, par distraction, un des plus hauts problèmes de géométrie, et jeta sur le papier des pensées qui tiennent autant du dieu que de l'homme. Cet effrayant génie se nommait *Blaise Pascal*.

De Chateaubriand.

Pascal qui manie le ridicule en poète comique et l'éloquence en père de l'Église est de la famille des auteurs de la *Satire Ménippée* et s'élève à la haute sublimité d'Origène.

Charles de Rémusat.

Nous admirerions moins les *Lettres provinciales* si elles n'étaient pas écrites avant Molière.

Villemain.

« Se moquer de la philosophie, c'est vraiment philosopher. » Ce mot de Pascal nous apprend assez ce qu'il pensait de cette science si vaine dans ses principes, si variable dans ses systèmes, si désastreuse par ses effets. Nul homme ne montra jamais une plus amère pitié pour la raison humaine destituée de l'appui que la foi lui prête. Avec quel dédain il se joue de sa ridicule présomption! comme il la fait rougir d'elle-même! comme il lui impose silence, si elle a le malheur de prononcer un mot avant d'avoir dit : je crois!

F. LAMENNAIS.

***

Otez la persécution odieuse exercée sur Port-Royal et vous n'auriez jamais eu les *Provinciales*. Ce n'était pas pour l'auteur un divertissement, une parade, un tournoi oratoire, c'était une lutte sérieuse et tragique pleine d'exils et de lettres de cachet, derrière lesquelles on entrevoyait la Bastille de M. de Sacy et le donjon de Vincennes de M. de Saint-Cyran, avec les interrogatoires de Lescot et de Laubardemont ou la fuite du grand Arnauld, et son dernier soupir exhalé sur la terre étrangère. Pascal combattait dans les *Provinciales* pour la morale éternelle comme Démosthène avait combattu deux mille ans auparavant à la tribune d'Athènes pour la liberté de sa patrie, comme Bossuet le faisait dans la chaire chrétienne pour l'autorité de la foi, et Descartes dans sa retraite de Hollande pour l'indépendance de la pensée et le bill des droits de la philosophie.

V. COUSIN.

Ce qui est encore à remarquer (car à tout moment chez Pascal, il y a qualité double, et qui semblerait contraire), c'est cet esprit si admirablement net et sûr, dans lequel se décrivaient et se gravaient à jamais, comme avec la pointe la plus ferme et la plus fine, les lignes et les caractères de la vérité ; cet esprit qui, par une telle propriété de sa trempe, avait quelque chose de grossièrement comparable, si l'on veut, à une table d'acier sous le compas, — cet esprit, dans la netteté parfaite et la vigueur de ses délinéaments, ne restait pas froid et incolore ; mais il y unissait chaleur et lumière ; et cette chaleur, cette lumière, cette couleur en se versant par rayon, ne brouillait rien, ne rompait rien, n'élevait nulle vapeur, n'excédait pas le dessin primitif, n'en suivait et n'en illustrait exactement que le réseau, le peignait seulement plus distinct et le faisait vivre, et semblait aussi primitive, aussi essentielle elle-même en ce merveilleux esprit que les toutes premières traces. Ainsi donc, géométrie forte et neuve, aperception nette et subtile, éloquence, agrément, passion enfin dans les strictes lignes du vrai, il unissait toutes ces sortes d'esprit.

Sainte-Beuve.

J'ai relu l'apologétique de Pascal : avec quels sentiments ? Je ne puis l'exprimer. Chaque partie de notre être est susceptible de jouissance, mais il y a, à côté, au-dessus peut-être des plaisirs du goût, de l'imagination, de la sensibilité, une joie de l'intelligence, qu'aucun écrivain ne donne aussi souvent et aussi pleinement à son lecteur que l'incomparable auteur du livre que nous étudions.

A. VINET.

.˙.

Pascal est philosophe et théologien tout ensemble; on achèvera de comprendre son génie en le comparant à deux hommes qui sont ses égaux, et entre lesquels il a paru, l'un le philosophe, l'autre le théologien par excellence : Descartes et Bossuet. Descartes est le maître de Pascal à deux titres; par la liberté d'examen, et par son esprit géométrique, l'une qui n'accepte aucun préjugé, et résiste par le doute jusqu'à la preuve, l'autre qui poursuit cette preuve par la voie du raisonnement et de l'abstraction. Mais ce qui est le propre de Descartes, et à quoi Pascal répugne profondément, c'est de distinguer deux ordres de vérités tout à fait indépendantes entre elles, celles de la philosophie et celles de la foi.

. . . .

Quant à Bossuet, Pascal ne l'a pas connu, ou il ne l'a connu que comme un jeune et brillant prédicateur et non comme l'évêque illustre qui catéchisait toute la chrétienté. Bossuet, au contraire, avait lu les *Pensées* et il en avait gardé une impression profonde.

ERNEST HAVET.

Pascal a dit vrai; le soleil n'éclaire rien ici-bas qui ne soit misérablement imparfait, et lui-même en est la preuve. Quelle imperfection, quelle révolte misérable de la matière contre l'esprit que ce corps sitôt usé et toujours malade, abîmant, obscurcissant, étouffant enfin une telle lumière! et cet esprit lui-même, quel étonnant mélange de grandeur et de misères, de justesse et de chimères, de pénétration et de rêveries! Quelles angoisses du cœur en échange de quelques pures jouissances de l'entendement! Le fruit rongé par le ver, un champ de bataille couvert de morts, un enfant expirant dans les douleurs, un peuple libre qui tombe en servitude, n'offrent point de plus triste problème à notre curiosité impartiale et ne proclament point plus haut qu'une telle vie l'imperfection de tout ce qui est dans le monde. Et ce qui est un autre abîme, c'est qu'il y a, dans le spectacle même de ces agonies et de ces ruines, je ne sais quelle beauté qui chatouille une des fibres les plus mystérieuses du cœur de l'homme.

Pascal aussi clairvoyant et plus raisonnable, Pascal aussi éloquent et moins déchiré attirerait moins notre regard. Mais nous ne pouvons détourner nos yeux de la flamme qui les consume, comme les Romains admiraient les nuances changeantes qu'une mort lente faisait passer sur la murène, ou comme nous admirons nous-mêmes les couleurs étranges et brillantes que nous donnons à certaines fleurs en les abreuvant de poison.

PRÉVOST PARADOL.

Que pour enseigner la sagesse, **Platon** et **Bossuet** la présentent revêtue des splendeurs de la parole humaine; pour infliger le supplice de la vérité aux docteurs du mensonge, le supplice de l'ordre aux ministres de la corruption, le supplice de la raison aux indifférents à leur sort éternel, et pour dissiper l'incrédulité des incrédules, Pascal aura sa précision, son énergie, sa clarté foudroyantes.

Bordas Demoulin.

A ces jugements portés de si haut, nous n'ajouterons qu'un conseil; c'est celui de lire, avant ou après les pages qui vont suivre, les Œuvres complètes de Pascal. C'est là, quoique puissent faire les critiques, le meilleur moyen de le bien connaître.

J. BERTRAND.

BLAISE PASCAL

VIE DE PASCAL

Blaise Pascal était un vieillard : vert encore dans son enfance, bien conservé pendant sa jeunesse, vénérable dès le berceau. Toute fatigue l'épuisait, toute fleur se fanait dans sa main, tout divertissement inquiétait sa conscience. Tout pour lui se tournait en tristesse, tout cependant contribuait à sa gloire. Les esprits délicats admirent en Pascal l'écrivain le plus parfait du plus grand siècle de la langue française. Les savants honorent son génie; les plus fervents chrétiens se disent fortifiés par sa foi, et les incrédules, sans ignorer qu'ils lui font horreur, voient dans l'adversaire triomphant des jésuites un précieux allié qu'ils ménagent.

Trente-neuf ans après sa naissance, Pascal meurt de vieillesse. Il laisse des feuillets incomplets et épars ; on hésite devant ce brillant chaos, on tâtonne, on rapproche les fragments, on célèbre la magnificence du monument à peine entrevu. Pascal, admirable quand il achève, est déclaré par les bons juges, plus admirable encore quand il est interrompu. Chaque ligne tombée de sa plume est traitée comme une pierre précieuse.

Pascal est grand dignitaire dans le monde des esprits : on serait tenté de l'appeler Monseigneur. On se compromet moins en méconnaissant La Fontaine ou Molière qu'en parlant légèrement de Pascal. Une faiblesse ou un tort de Pascal, quand l'évidence contraint à les avouer, doivent prouver seulement l'imperfection de la nature humaine.

Le lecteur des *Lettres provinciales* subit une épreuve. Devenu son propre juge, il se demande : Ai-je le goût délicat ? suis-je sensible à la beauté du style ? C'est avec complaisance qu'il se prend à sourire ; l'indifférence lui donne de l'inquiétude, et à l'ennui, tout est possible, s'associe la crainte d'être un sot.

Je ne veux ni céder à l'entraînement ni lui résister. S'il est vrai qu'à mesure qu'on a plus d'esprit, on devient plus capable d'admirer, je n'en ai pas assez pour tout admirer dans Pascal.

Blaise Pascal, de pur sang auvergnat, naquit à Clermont-Ferrand le 19 juin 1623. Son père était président de la Cour des aides. On vantait l'esprit, la piété et l'active charité de sa mère.

L'administration qui aujourd'hui représente le mieux la Cour des aides est celle des Contributions indirectes.

On lit, par exemple, dans les très sages conseils rédigés par un anonyme pour les délégués aux états généraux de 1618 :

« Les sels et les aides sont de rudes charges; la première bien plus grande que la seconde, parce qu'il est bien plus aisé de se passer d'aller à la taverne que de manquer de sel, aliment nécessaire. »

Pour cette raison sans doute, ni la Cour des aides, ni ses chefs dans chaque province, ne partageaient l'impopularité de la gabelle.

On a raconté sur l'enfance de Blaise une aventure difficile à croire. Nulle chaîne de témoins ne peut mériter plus de confiance que la vertueuse et rigide famille par laquelle elle s'est transmise, mais la véracité des témoins ne rend pas le merveilleux vraisemblable.

« C'est une histoire tout à fait étrange que celle que madame Perier nous a contée de son frère. Il n'avait encore que deux ans lorsqu'il tomba dans la plus étrange maladie du monde. Il ne pouvait voir d'eau ni d'autres liqueurs; il ne pouvait souffrir son père et sa mère ensemble, quoiqu'il vît fort bien l'un et l'autre séparément; il était sec comme les enfants qui sont enchantés, de sorte que l'on n'en attendait plus que la mort. Un mal si extraordinaire fit dire à plusieurs qu'il était ensorcelé, et le soupçon en tomba sur une vieille à qui on faisait la charité dans la maison, à qui la nourrice l'avait fait porter quelquefois. Le bruit en fut si grand, qu'enfin M. Pascal le père désira de s'en éclaircir. Il tira à part cette femme, la menaça de la mettre en justice si elle ne guérit son fils et il lui commanda de le faire sans nouveau sortilège. La vieille après s'en être excusée, le promit, mais demanda une autre chose pour la faire mourir (parce que le sort était à la mort) au lieu de lui. Il lui voulut donner un cheval, mais elle se contenta d'un chat, et comme elle en emportait un, elle fut rencontrée par des personnes qui la querellèrent dans la montée, de sorte qu'étant épouvantée, elle jeta le chat par la fenêtre, qui était assez basse, et néanmoins il tomba raide mort; ensuite elle alla choisir dans le jardin quelques herbes assez communes qu'elle mêla avec de la farine et en fit ainsi une espèce de gâteau qu'elle fit mettre sur le nombril de l'enfant. Aussitôt qu'on le lui eût mis, il tomba en léthargie dans laquelle on le crut mort. Les médecins y étant appelés le crurent mort; il n'y eut que le père qui, y étant survenu, empêcha qu'on ne l'ensevelît et qui soutint qu'il n'était pas encore mort. Quelque temps après, cette vieille femme vint heurter à la porte; le père ayant su que c'était elle, y courut et ne put s'empêcher de la frapper. Elle, sans s'étonner, lui dit qu'il avait raison de la battre, parce qu'elle avait oublié de lui dire ce qui devait arriver; mais qu'elle l'assurait que son fils n'était pas mort, et qu'il serait en cet état jusqu'à minuit et qu'ensuite on le trouverait guéri. On attendit donc jusqu'à ce temps-là, soutenant toujours que l'enfant n'était pas mort. Enfin, deux heures après minuit, il commença à se réveiller, vit son père et sa mère ensemble sans effroi, ce qui témoigna qu'il était guéri. Il eut néanmoins encore quelque peur de l'eau, mais peu de temps après, il se jouait avec de l'eau, et dans quatre ou cinq jours il fut tellement remis qu'il ne paraissait pas avoir été malade. La vieille femme avoua qu'elle avait été portée à l'ensorceler parce qu'ayant prié M. Pascal le père, de solliciter pour elle dans une affaire qui était injuste, il refusa de le faire. »

A l'âge de cinq ans Blaise perdit sa mère. Sa sœur aînée, Gilberte, achevait sa huitième année; leur petite sœur Jacquette, admirée plus tard pour la beauté de son esprit, sous le nom de Jacqueline Pascal, et vénérée comme une sainte, sous celui de sœur Sainte-Euphémie, faisait à peine ses premiers pas.

Les sœurs étaient précoces presque à l'égal du

frère. Très intelligente, très bonne, très belle aussi, nous dit sa fille, Gilberte, suivant la sagesse du monde, a, dans cette pieuse famille, choisi la meilleure part. Acceptant gravement, sans ambition comme sans faiblesse, les devoirs, les périls et les luttes de la vie, elle sut transmettre à ses enfants les traditions de foi, de dignité et de vertu, précieux héritage de ses pères. Sa piété éclairée n'a jamais repoussé, pour elle et pour les siens, l'usage reconnaissant des biens que Dieu envoie, la recherche des plaisirs que le ciel peut bénir, la paisible jouissance du bonheur partagé.

Jacqueline, souriante et rêveuse, la plus petite dans la maison de son père et la plus aimée, improvisait chaque jour une chanson nouvelle que les fées semblaient lui dicter.

On admirait la charmante enfant sans jamais se lasser d'elle. Les amis de son père l'invitaient sans cesse, c'était à qui la fêterait le mieux. Gilberte, qui lui servait de mère, se plaignait de ne pas la voir assez.

Blaise songeait à lui-même et à sa prodigieuse enfance quand il écrivait : « Il ne faut pas répéter à un enfant : Que cela est bien dit !

Comme il a bien fait! Qu'il est raisonnable! Comme il est sage! » On disait aussi : Comme il est beau!

Étienne Pascal, fier de ses enfants et digne chef d'une telle famille, fit de leur éducation l'affaire principale de sa vie. Ne voulant travailler que pour eux, il vendit sa charge de Clermont et vint habiter Paris où ils n'eurent pas d'autres maîtres que lui. Sa maxime était qu'il faut tenir l'élève toujours au-dessus de son travail. On le pouvait avec le petit Blaise.

Pour le préparer à l'étude des langues anciennes, on enseigna au prodigieux enfant les principes généraux du langage; on lui montrait d'une manière abstraite, si la mémoire de Gilberte a été exacte, ce que c'était que les langues, comment on les avait réduites en grammaire sous de certaines règles, et que ces règles avaient des exceptions qu'on avait soin de remarquer. Cette idée générale lui débrouillait l'esprit et lui faisait voir la raison des règles, de sorte que, quand il vint à apprendre la grammaire, il s'appliquait précisément aux choses auxquelles il fallait le plus d'application.

Si Pascal, soumis à la maxime de son père,

a compris, dès l'âge de dix ans, que la philologie a des lois et ces lois leurs exceptions, et s'il a pu dominer ces questions, ce début, sur lequel glisse Gilberte sans y faire aucune réflexion, serait le trait le plus étrange d'une précocité qui n'a jamais été surpassée.

Quand Pascal écrivait : « les langues sont des chiffres, où, non les lettres sont changées en lettres, mais les mots sont changés en mots ; de sorte qu'une langue inconnue est déchiffrable », cette assertion audacieuse, deux siècles avant Champollion et Eugène Burnouf, résume peut-être les leçons de son père, peut-être aussi le fruit de ses premières méditations.

A toute occasion, les enfants demandent : Pourquoi? Les parents n'en savent rien, ne l'avouent pas, les payent d'une défaite et n'y songent plus. Blaise alors interrogeait les choses. Quelqu'un ayant à table frappé devant lui un plat de faïence avec un couteau, il prit garde que cela rendait un grand son, mais qu'aussitôt qu'on avait mis la main dessus, le son s'arrêtait. Il voulut en savoir la cause, et comment, sans s'épuiser, une si petite source pouvait répandre tant de bruit; il fit des expériences, prêta l'oreille à tous les sons, et y remarqua tant de choses, qu'à l'âge de douze ans, il en fit un traité qui fut trouvé tout à fait bien raisonné.

Ce premier écrit de Pascal est perdu comme beaucoup d'autres de lui. Quelles que fussent les faiblesses du livret sur l'acoustique, l'idée seule de le composer était une promesse qui en confirmait tant d'autres.

C'est au même âge, à peu près, c'est-à-dire pendant sa douzième année, que, d'après un récit devenu célèbre, Pascal découvrit, par ses propres réflexions, la somme des angles d'un triangle. Le récit authentique et sincère conserve, après trente ans écoulés, au moment où Gilberte l'écrivait, l'empreinte de l'émotion produite par une merveille et, pour ainsi parler, un miracle de génie. Il faut pourtant en discuter les détails.

« Mon père était homme savant dans les mathématiques, et avait habitude par là avec tous les habiles gens en cette science, qui étaient souvent chez lui; mais comme il avait dessein d'instruire mon frère dans les langues, et qu'il savait que la mathématique est une science qui remplit et qui satisfait beaucoup l'esprit, il ne voulut point que mon frère en eût aucune connaissance, de peur que cela ne le rendît négligent pour la latine et les autres langues dans lesquelles il voulait le perfectionner. Par cette raison, il avait serré tous les livres qui en traitent, et il s'abstenait d'en parler avec ses amis en sa présence; mais cette précaution n'empêchait pas que la curiosité de cet enfant ne fût excitée, de sorte qu'il priait souvent mon père de lui apprendre la mathématique; mais il lui refusait, lui promettant cela comme une récompense. Il lui promettait qu'aussitôt qu'il saurait le latin et le grec, il la lui apprendrait. Mon frère, voyant cette résistance, lui demanda un jour ce que c'était que cette science et de quoi on y traitait; mon père lui dit, en général, que c'était le moyen de faire des figures justes, et de trouver les proportions qu'elles avaient entre elles, et, en même temps, il lui défendit d'en parler davantage et d'y penser jamais. Mais cet esprit, qui ne pouvait demeurer dans ces bornes, dès qu'il eut cette simple ouverture, que la mathématique donnait des moyens de faire des figures infailliblement justes, il se mit lui-même à rêver sur cela à ses heures de récréation ; et étant seul dans une salle où il avait accoutumé de se divertir, il prenait du charbon et faisait des figures sur les carreaux, cherchant des moyens de faire, par exemple, un cercle parfaitement rond, un triangle dont les côtés et les angles fussent égaux et des autres choses semblables. Il trouvait tout cela lui seul ; ensuite il cherchait les proportions des figures entre elles ; mais comme le soin de mon père avait été si grand de lui cacher toutes ces choses, il n'en savait pas même les noms. Il fut contraint de se faire lui-même des définitions ; il appelait un cercle un rond, une ligne une barre et ainsi des autres. Après ces définitions il se fit des axiomes, et enfin il fit des démonstrations parfaites ; et comme l'on va de l'un à l'autre dans ces choses, il poussa les recherches si avant, qu'il en vint jusqu'à la trente-deuxième proposition du livre d'Euclide. Comme il en était là-dessus, mon père entra dans le lieu où il était, sans que mon frère l'entendît ; il le trouva si fort appliqué, qu'il fut longtemps sans s'apercevoir de sa venue. On ne peut dire lequel fut le plus surpris, ou le fils de voir son père à cause de la défense expresse qu'il lui en avait faite, ou le père de voir son fils au milieu de toutes ces choses. Mais la surprise du père fut bien plus grande, lorsque, lui ayant demandé ce qu'il faisait, il lui dit qu'il cherchait telle chose, qui était la trente-deuxième proposition du livre d'Euclide. Mon père lui demanda ce qui l'avait fait penser à chercher cela; il dit que c'était qu'il avait trouvé telle autre chose, et sur cela lui ayant fait encore la même question, il lui dit encore quelques démonstrations qu'il avait faites, et enfin en rétrogradant et s'expliquant toujours par les noms de ronds et de barres, il en vint à ses définitions et à ses axiomes. Mon père fut si épouvanté de la grandeur et de la puissance de ce génie, que sans lui dire mot, il le quitta et alla chez M. le Pailleur, qui était son ami intime et qui était aussi fort savant. Lorsqu'il y fut arrivé, il y resta immobile comme un homme transporté. M. le Pailleur voyant cela, et voyant même qu'il versait quelques larmes, fut épouvanté et le pria de ne lui pas céler plus longtemps la cause de son déplaisir. Mon père lui répondit : « Je ne pleure pas d'affliction » mais de joie. Vous savez les soins que j'ai pris » pour ôter à mon fils la connaissance de la » géométrie, de peur de le détourner de ses » autres études, cependant voici ce qu'il a » fait. » Sur cela il lui montra tout ce qu'il avait trouvé, par où on pouvait dire en quelque façon qu'il avait inventé les mathématiques. »

Étienne Pascal manqua de prudence et d'adresse. Le livre d'Euclide devenu fruit défendu, et la géométrie entourée de mystère, devaient exciter la curiosité de Blaise, révélée déjà par des indices qu'on ne dit pas. Comment pouvait-il prier son père de lui enseigner les mathématiques si le but de cette science lui était resté inconnu? Il n'aspirait pas assurément à apprendre la métoposcopie. Rien n'échappait à son attention; les conversations des amis de son père, tous gens de savoir, avaient plus d'une fois sans doute agité son jeune esprit. Gilberte se persuade que pour atteindre la trente-deuxième proposition d'Euclide, il faut, de déductions en déductions, en traverser trente et une autres : il n'en est pas ainsi. Un regard clairvoyant peut apercevoir directement, et sans préparation, l'évidence du théorème placé le trente-deuxième.

« On peut, a dit Pascal lui-même, avoir dans l'étude de la vérité, trois principaux objets : l'un, de la découvrir quand on la cherche ; l'autre de la démontrer quand on la possède ; le dernier de la discerner d'avec le faux quand on l'annonce. » La jeune curiosité de Blaise n'avait qu'un but : connaître la somme des angles d'un triangle, ou si, comme il est probable, on l'avait énoncée devant lui, en découvrir et en comprendre la raison. Raisonnant pour lui-même, et ignorant les subtilités de la dialectique, la clarté, pour lui, faisait la rigueur. Ces libertés, ignorées chez Euclide, abaissent le problème au niveau d'un enfant de génie. Quand une barre placée sur un plan, comme disait Pascal, en attachant à ces mots une idée pour lui parfaitement claire, change de direction, on dit qu'elle a *tourné* d'un angle égal à celui de la direction nouvelle avec sa direction primitive. Si plusieurs déplacements se succèdent, la ligne tournant toujours dans le même sens, l'angle de rotation totale est la somme des angles dont la barre a successivement tourné. Ces axiomes acceptés, considérons un triangle formé par trois barres. Soulevons la première pour la poser sur la seconde, elle aura tourné d'un angle égal à l'un des angles du triangle; soulevons-la une seconde fois pour la placer sur la troisième, la rotation sera, dans ce second déplacement, égale au second angle du triangle. Replaçons-la enfin, par un troisième mouvement exécuté toujours dans le même sens, sur le côté qu'elle recouvrait d'abord, elle aura précisément accompli un demi-tour, c'est-à-dire une rotation de deux angles droits, égale, d'après les principes admis, à la somme des trois rotations successives, c'est-à-dire à la somme des angles du triangle.

Pour deviner, pour comprendre même, les objections soulevées par une démonstration aussi simple, il aurait fallu à l'enfant de douze ans plus de génie que pour l'inventer.

L'attrait d'Euclide était irrésistible. Blaise dévora les treize livres, demanda la suite et put bientôt se mettre de la partie dans les savantes réunions qui se tenaient chez son père, par la production de ses propres idées, jointe à de judicieuses réflexions sur les travaux des autres.

Blaise menait tout de front : son esprit déjà mûr pour la science était poli par les bonnes lettres. Sans le faire passer par tous les degrés de la discipline scolastique, on lui rendait la langue latine aussi familière que le français. Gilberte partageait ses études et Jacqueline demandait à s'y engager. Le commerce de Blaise avec les auteurs classiques a laissé peu de traces; la seule allusion dans ses œuvres aux chefs-d'œuvre de l'antiquité marque un esprit affranchi de leur joug : « Toutes les fausses beautés que nous blâmons dans Cicéron ont des admirateurs et en grand nombre. »

La maison d'Étienne Pascal était ouverte à tous les gens de savoir. Les savantes réunions, qui excitaient avant l'âge l'esprit déjà trop précoce de Blaise, ressemblaient aux séances d'une académie.

Le Père Mersenne, un de ces hommes importants et utiles qui ne sont jamais rares, remplaçait à peu près alors à lui seul ce que nous nommons aujourd'hui la presse scientifique.

Plus prompt à juger qu'à comprendre, Mersenne prenait la cycloïde pour une moitié d'ellipse, lançait un boulet de canon vers le zénith pour savoir s'il retomberait, et cherchait le moyen d'accorder, sans le secours de l'oreille, les instruments de musique; bonhomme d'ailleurs, recherché de tous, et ne dédaignant personne.

Roberval était très enflé de son mérite, et, d'après de nombreux témoignages, non moins injuste à déprécier les travaux des autres qu'empressé à vanter les siens. Descartes, pour lui, était un rival, et sans cacher son inimitié, quand il le rencontrait, l'irrévérence allait jusqu'à l'impolitesse.

Les ridicules et la vanité de Roberval faisaient souvent la fable du monde scientifique. Bouilliau écrivait à Huygens :

« M. de Roberval a fait une sottise chez M. de Montmor, qui est, comme vous savez, homme d'honneur et de qualité; il a été si incivil que de lui dire dans sa maison, s'étant piqués sur une des opinions de M. Descartes (que M. de Montmor approuvait), qu'il avait plus d'esprit que lui et qu'il n'avait rien de moins que lui que le bien et la charge de maître des requêtes, et que s'il était maître des requêtes, il vaudrait cent fois plus que lui. M. de Montmor, qui est très sage, lui dit qu'il en pourrait user plus civilement que de le quereller et le traiter de mépris dans sa maison. Toute la compagnie trouva fort étranges la rusticité et le pédantisme de M. de Roberval. »

Pascal resta toujours bienveillant pour les admirateurs de ses premiers succès; on a cru même, non sans vraisemblance, qu'en marquant peu de sympathie pour Descartes, il prenait parti pour Roberval. C'était une des raisons peut-être, mais Descartes en a fait naître d'autres.

Le Pailleur, très honnête homme, et très habile en plus d'un genre, était à la fois musicien, homme de lettres et savant dans les mathématiques. Aimable et enjoué, la haute société le recherchait. Il chantait plaisamment et agréablement. Tallemant des Réaux raconte, à propos d'un de ses refrains, une anecdote un peu libre. Au xvii° siècle, quand la religion n'était pas offensée, la langue française, quoi qu'en ait dit Boileau, bravait volontiers l'honnêteté. « Il ne faut pas, a dit Pascal, imaginer Platon et Aristote avec des grandes robes de pédants, c'étaient des gens honnêtes et comme les autres riant avec leurs amis. » On savait rire chez Étienne Pascal. On imagine difficilement, quoique la scène n'ait rien d'invraisemblable, la savante réunion, même après le départ du Père Mersenne, écoutant une chanson de Gauthier Garguille, et le père de Jacqueline répétant un refrain digne des berceuses de Pantagruel.

Le Pailleur était pauvre. Passionné pour l'étude, il vendait ses livres quand il n'avait plus rien à y apprendre, et de leur prix en achetait d'autres. On le disait parmi les gens de lettres très habile mathématicien. On le louait, c'était peu, d'avoir appris

> A découvrir sans point de faute
> De combien une tour est haute.

Desargues, lyonnais, géomètre de génie, était fort supérieur à Le Pailleur, même à Roberval, dont le nom prononcé plus souvent est resté cependant plus célèbre. Précurseur de Poncelet et initiateur de Pascal, Desargues a écrit des ouvrages qu'on ne lit plus, que peut-être on n'a jamais lus. Il en placardait les feuilles, après les avoir distribuées à ses amis, sur les murs de Paris et de Lyon, associant aux théorèmes qu'on admire aujourd'hui, d'inutiles défis à des adversaires incapables de le comprendre.

Carcavy, de Toulouse, ami de Fermat, de Pascal et de Descartes, occupait une haute situation dont les meilleurs juges le trouvaient digne. Colbert devait plus tard lui donner toute sa confiance, en le chargeant de mettre en ordre l'immense recueil des papiers de Mazarin.

Fontenelle a rappelé le souvenir des réunions scientifiques auxquelles assistait le jeune Pascal :

« Ce goût de philosopher assez universellement répandu devait produire entre les savants l'envie de se communiquer mutuellement leurs lumières. Il y a plus de cinquante ans que ceux qui étaient à Paris se voyaient chez le Père Mersenne, qui était ami des plus habiles gens de l'Europe, se faisant un plaisir d'être le lien de leur commerce. Gassendi,

Descartes, Hobbes, Roberval, les deux Pascal père et fils, Blondel et quelques autres s'assemblaient chez lui. Il leur proposait des problèmes de mathématiques ou les priait de faire quelques expériences par rapport à de certaines vues et jamais on n'avait cultivé avec plus de soin les sciences qui naissent de l'union de la géométrie et de la physique.

Il se fit des assemblées plus régulières chez de Montmor, maître des requêtes, et ensuite chez Thévenot. »

Il résulte du récit de Gilberte que quelques réunions ont été tenues chez Étienne Pascal.

Nous avons le titre, mais le titre seulement, des travaux originaux que Pascal devait présenter à cette Académie, c'est ainsi qu'il la nomme. Il promit des communications successives, qu'il fit sans doute, mais sans en conserver le détail. Pascal, à l'âge de seize ans, étonna les mathématiciens par un traité sur les sections coniques. Le prodigieux enfant « y passait sur le ventre, suivant le Père Mersenne, à tous ceux qui avaient traité le sujet avant lui, pour aller rejoindre Apollonius qui semblait même, dans son ouvrage dont il ne reste que des fragments, avoir été moins heureux que lui ».

Mersenne, toujours empressé, adressa à Descartes le traité du jeune Pascal.

Descartes admirait peu et louait moins encore. Le sujet, d'ailleurs, n'était pas fait pour lui plaire. Passer sur le ventre à tous les géomètres était à ses yeux chose aisée. Son livre sur la géométrie, en rendant droits les chemins tortus et les raboteux unis, avait aboli le droit d'inventer avec génie dans une science désormais réduite en formules. Il le croyait, et le disait. C'est sur la vieille route cependant que Pascal, indifférent à la méthode de Descartes, faisait d'admirables rencontres.

Descartes répondit froidement, presque avec dédain, qu'avant d'avoir lu la moitié du livret sur les sections coniques, il avait reconnu que l'auteur avait appris de M. Desargues. Cela était vrai, mais pour le reconnaître, il n'était pas besoin de lire la moitié du livret. Pascal le disait formellement. Mais après avoir suivi les traces de Desargues, il fait de mémorables découvertes sur cette route qui devient sienne. Descartes n'en dit rien.

Blaise, accoutumé aux louanges comme Mithridate au poison, ne l'était ni à l'indifférence ni au dédain. On a cru voir, dans ce premier froissement, l'explication de ses jugements peu bienveillants et de ses relations peu amicales avec Descartes. Il est certain que les amis d'Étienne Pascal ont blâmé la réponse trop peu obligeante de Descartes pour un enfant d'un si rare mérite.

On a ajouté, sans preuve aucune, que non content de dédaigner les théorèmes découverts par Blaise, Descartes les attribuait à Étienne qui, par une indigne supercherie, en aurait fait honneur à son fils.

Pascal et Descartes ne furent jamais amis : aucune explication n'est nécessaire. Leurs goûts étaient incompatibles. Tous deux étaient géomètres, tous deux à l'occasion savaient l'oublier. Le premier, comme Montaigne, avait la vue claire, mais l'appliquait à peu d'objets; il repoussait « la curiosité inquiète des choses qu'on ne peut savoir, voyant toutes choses causées et causantes, aidées et aidantes, médiatement et immédiatement, et toutes s'entretenant par un lien naturel et insensible qui lie les plus éloignées et les plus indifférentes, il tenait impossible de connaître les parties sans le tout, non plus que le tout sans les parties ».

La nature pour le second n'avait pas d'énigmes. Pascal ne l'entendait pas sans impatience expliquer ce qui est inexplicable, analyser ce que rien ne démêle et bâtir sur le vide en refusant d'y croire; il écoutait par politesse, répondait comme il pouvait, et faisait effort pour ne pas rire. Le trait commun aux deux grands esprits, je veux dire l'indifférence pour les œuvres d'autrui, n'était pas fait pour les rapprocher.

Je rencontre dans les fragments disjoints, séparés, pour mieux dire, qu'on a nommés *Pensées de Pascal*, l'expression de son dédain pour les principes généraux, qu'en toutes choses Descartes cherchait et prétendait atteindre.

« Voilà, direz-vous, tout renfermé en un mot. Oui, mais cela est inutile si on ne l'explique, et quand on vient à l'expliquer, dès qu'on ouvre ce précepte qui contient tous les autres, ils en sortent en la première confusion que vous vouliez éviter. Ainsi, quand ils sont tous renfermés en un, ils y sont cachés et inutiles comme en un coffre, et ne paraissent jamais qu'en leur confusion naturelle. La nature les a tous établis sans renfermer l'un en l'autre. »

Pascal dit ailleurs :

« La nature a mis toutes ses vérités chacune en soi-même. Notre art les renferme les unes dans les autres, mais cela n'est pas naturel, chacune tient sa place. »

Étienne Pascal avait placé sur l'Hôtel de ville de Paris une partie importante de sa fortune. C'était une imprudence. Le roi, dans ses embarras continuels, accroissait le désordre des finances en tentant en même temps ses sujets du péché d'usure, condamné par les conciles, par les papes, par tous les Pères unanimement et, prétendaient les jurisconsultes, par les principes mêmes de la justice humaine.

« L'avarice seule, dit un Père de l'Église, peut regarder son argent comme une terre féconde, le présentant à qui le veut, pour attirer celui d'autrui, pour augmenter par une funeste supputation d'intérêts, exigeant ceci pour cela, jusqu'à ce qu'elle ait recueilli une somme, non pas égale au prêt qu'elle a fait, mais enflée du surcroît détestable que lui ont produit les années, les mois et les jours, armés pour ainsi dire, de leur nombre et devenus terribles par leur multitude. »

Le gouvernement n'en faisait pas moins des emprunts, et le taux promis pour l'intérêt croissait toujours. Pendant les premières années de la régence d'Anne d'Autriche, on emprunta au denier quatre, c'est-à-dire à vingt-cinq pour cent.

La banqueroute était inévitable. En l'année 1615 déjà, on avait supprimé deux quartiers qui jamais ne furent rétablis. En réduisant les rentes à la moitié de la somme promise, le gouvernement, pour toute raison, alléguait la dureté des temps.

Richelieu, en 1638, sept ans après le placement fait par Étienne Pascal, annonça une réduction nouvelle, en promettant toutefois de payer les arrérages quand on le pourrait. On ne le put jamais. Le métal qui doit fournir le payement est si rare, disait le décret, qu'il est légitime de l'attendre sans impatience. Les rentiers s'agitèrent pourtant. Étienne Pascal fut compromis. « Il se dit ce jour-là des paroles et même on fit des actions un peu violentes », dit Gilberte, dans le récit de la vie de sa sœur.

Tallemant des Réaux est plus précis :

« M. Pascal et un nommé de Bourges, avec un avocat au conseil, firent bien du bruit et à la tête de quatre cents rentiers comme eux, ils firent grand'peur au garde des sceaux Seguier. »

On enferma trois rentiers à la Bastille. Étienne Pascal, appréhendant le même sort, s'enfuit en Auvergne.

Gilberte, déjà l'âme de la maison, devint le chef de la famille.

La correspondance était active. Jacqueline faisait facilement des vers faciles; son père les admirait à l'égal des découvertes de Blaise; ils étaient sa consolation. Marguerite Perier nous en a conservé un grand nombre : c'est trop. Le choix, il est vrai, eût été embarrassant. La muse de Jacqueline rase la terre d'un pas toujours égal.

Il ne serait pas juste, en la jugeant, d'oublier que l'auteur avait douze ans à peine. Sans en être meilleurs, ses vers deviennent prodigieux.

Le rondeau suivant est de 1637. Jacqueline avait onze ans :

> Pour vous j'abandonnai mon cœur,
> Mais vous avez tant de rigueur
> Que si vous n'étiez pas si belle,
> Je serais sans doute infidèle.
> Ce vous serait un grand malheur.
> Ayez un peu plus douceur,
> Vous verrez ma fidèle ardeur
> Qui ne sera jamais rebelle
>   Pour vous.
>
> Souffrez que votre œil, mon vainqueur,
> Apaise un moment ma douleur
> Et ne soyez plus si cruelle,
> Autrement nous aurions querelle.
> Y trouveriez-vous de l'honneur
>   Pour vous?

La chanson suivante est de la même année :

> Climène était la reine de mon âme.
>   Cette ingrate dame
>   Méprisait mes feux.
> Mais quand je vis les yeux de Dorimène,
>   Je quittai Climène :
>   Je brûlai pour eux.
> Lors mon bonheur à soi seul comparable
>   D'amant misérable
>   Me rendit heureux,

> Me faisant voir les yeux de Dorimène.
>   Lors quittant Climène,
>   Je brûlai pour eux.
> Bénis, mon cœur, cette heureuse journée,
>   L'heure fortunée,
>   Qui changea mes feux,
> Où je pus voir les yeux de Dorimène,
>   Où quittant Climène,
>   Je brûlai pour eux.

Jacqueline s'élevait jusqu'à l'églogue. Celle-ci est de sa treizième année :

> Un jour, dans le profond d'un bois,
> Je fus surprise d'une voix :
> C'était la bergère Silvie
> Qui parlait à son cher amant
> Et lui dit pour tout compliment :
> « Je vous aime bien plus, sans doute que ma vie. »
> Lors j'entendis ce bel amant
> Lui répondre amoureusement :
> — De plaisir mon âme est ravie.
> Je me meurs, viens à mon secours
> Et pour me guérir, dis toujours :
> « Je vous aime bien plus, sans doute que ma vie. »
> Vivez, ô bien heureux amants !
> Dans ces parfaits contentements,
> Malgré la rage de l'envie
> Et que ce mutuel discours
> Soit ordinaire en vos amours :
> « Je vous aime bien plus, sans doute que ma vie. »

La petite Jacqueline chantait tout. Les amies de Gilberte, Gilberte aussi peut-être, en tenant devant elle des propos sur l'amour, avaient inspiré ses déclarations de tendresse. Quelques chansons entendues au dessert donnèrent à l'aimable enfant l'idée de célébrer le vin, à peu près comme un élève de rhétorique chante les héros d'Homère ou les dieux de l'Olympe. Un riche gobelet, transformé en vase de fleurs, lui inspira ce couplet bachique :

> A bas, à bas ces fleurs !
> Vous profanez ce verre.
> Le fade émail de ces couleurs
> N'est fait que pour des pots de terre.
> C'est pervertir l'ordre des choses.
> Un métal si divin
> N'est pas fait pour des roses :
> Il est fait pour du vin.

Blaise admirait sa petite sœur : les rimes étaient correctes, la mesure irréprochable, les règles respectées. Le problème était résolu. Heureusement ce n'est pas un problème.

Blaise ne l'a jamais compris; nous en avons la preuve dans ces lignes souvent reprochées à sa mémoire :

« Comme on dit beauté poétique, on pourrait dire aussi beauté géométrique et beauté médicinale, cependant on ne le dit point et la raison en est qu'on sait bien quel est l'objet de la géométrie et qu'il consiste en preuves, et quel est l'objet de la médecine et qu'il consiste en la guérison, mais on ne sait en quoi consiste l'agrément qui est l'objet de la poésie, on ne sait ce que c'est que ce modèle naturel qu'il faut imiter et, à faute de cette connaissance, on a inventé de certains termes bizarres, siècle d'or, merveille de nos jours, fatal laurier, et on appelle ce jargon, beauté poétique. »

Ainsi parlait Blaise vingt ans après, à l'époque où il écrivait : « Quelle vanité que la peinture, qui attire l'admiration par la ressemblance des choses dont on n'admire pas les originaux ! »

Pauvre Jacqueline ! Le frère tant admiré, qui ne lisait guère de vers et ne regardait guère de tableaux, songeait à elle sans doute en dédaignant les poètes, peut-être à leur ami Philippe de Champagne en partant de la vanité de la peinture.

Un sonnet de Jacqueline sur la grossesse d'Anne d'Autriche fit plus de bruit que ses chansons galantes.

La reine désira la connaître. Une amie de la famille conduisit Jacqueline à Saint-Germain. Les princesses avaient peine à croire qu'une enfant eût pu rencontrer sans aide des vers tels que ceux-ci :

Grand Dieu, je te conjure avec affection
De prendre notre reine en ta protection.

Mademoiselle, croyant l'embarrasser, lui demanda quelques vers pour elle. Jacqueline toujours prête, écrivit, après quelques minutes de réflexion :

Muse, notre grande princesse
Te commande aujourd'hui d'exercer ton adresse
A louer sa beauté, mais il faut avouer
Qu'on ne saurait la satisfaire
Et que le seul moyen qu'on a de la louer
C'est de dire, en un mot, qu'on ne saurait le faire.

L'épreuve était décisive.

La reine, plus d'une fois, prit plaisir à revoir la charmante fille. Un tel honneur réjouissait la famille. Jacqueline simple et modeste, sans en être enivrée, ne racontait ses succès qu'à ses poupées.

Le cardinal, *malgré la rareté des métaux précieux*, n'épargnait rien pour embellir ses fêtes. Il voulut, sur son théâtre, faire représenter par des enfants : *l'Amour tyrannique*, tragédie de Scudéry. Madame d'Aiguillon, sa nièce, ordonnatrice de la fête, destina un rôle à Jacqueline. Les plus grands seigneurs, quand on parlait au nom du cardinal, mettaient leur vanité à obéir. Gilberte s'en excusa et répondit fièrement : « M. le cardinal ne nous fait pas assez de plaisir pour que nous ayons le désir de lui en faire. » Des amis plus prudents intervinrent, et Jacqueline accepta dans la tragédie le rôle de Cassandre.

Cassandre est confidente d'Ormène, épouse du roi Tyridate. Tyridate, roi du Pont, aime Polyxène, épouse de Tigrane, frère d'Ormène. Oubliant tout pour satisfaire sa passion, il rassemble une armée, détrône son beau-père et jette Tigrane dans les fers. La tente du vainqueur sera la prison de Polyxène. La douce Ormène excuse son époux : sa rivale est si belle ! Cassandre, c'est-à-dire Jacqueline, lui répond :

Elle est belle, en effet, mais pas plus que vous n'êtes.

Ce vers était sans doute le signal d'une ovation pour Ormène.

Tyridate aime son épouse, mais la bigamie ne l'effraye pas. Orméne est indulgente; tout s'arrangerait honorablement si Polyxène devenait veuve. Tigrane le comprend et charge Cassandre de lui demander du poison. L'adroite Cassandre, pour recevoir ses ordres, a trompé la vigilance des gardiens. Il faut sortir. En la voyant se diriger d'elle-même vers une porte « au public moins connue », comme dit Racine, Tigrane s'écrie :

A ton charmant esprit on ne peut rien apprendre.

Et sur ce vers on applaudit Jacqueline, comme deux siècles plus tard mademoiselle Mars, sur la réplique de Suzanne à Almaviva :

Et moi, monseigneur!

Le dénouement n'a rien de tragique. Le peuple se révolte et délivre Tigrane. Polyxène est rendue à son époux, et chacun jette un voile sur le passé.

Jacqueline enleva tous les suffrages; on s'écriait au milieu des applaudissements : c'est la petite Pascal qui a fait le mieux! Gracieuse et enjouée, non sans émotion, mais sans trouble, et hardiment empressée pour ne pas perdre l'occasion, la charmante enfant s'avança seule vers Richelieu et, dans un compliment rimé, lui demanda le retour et la grâce de son père.

Une robe écarlate autorise tout. Le cardinal la prit sur ses genoux et la baisa plusieurs fois, « car elle était bellote », dit Tallemant des Réaux.

Laissons Jacqueline raconter ce petit drame, plus touchant que celui de Scudéry.

« Monsieur mon père,

» Il y a longtemps que je vous ai promis de ne vous point écrire si je ne vous envoyais des vers et n'ayant pas eu le loisir d'en faire à cause de cette comédie, dont je vous ai parlé, je ne vous ai point écrit il y a longtemps. A présent que j'en ai fait, je vous écris pour vous les envoyer et pour vous faire le récit de l'affaire qui se passa hier en l'hôtel de Richelieu, où nous représentions *l'Amour tyrannique* devant M. le Cardinal. Je m'en vais vous raconter de point en point tout ce qui s'est passé.

» Premièrement, M. de Montdory entretient M. le Cardinal depuis trois heures jusqu'à sept heures et lui parla presque toujours de vous de sa part et non pas de la vôtre, c'est-à-dire qu'il lui dit qu'il vous connaissait, lui parla fort avantageusement de votre vertu, de votre science et de vos autres bonnes qualités. Il parla aussi de cette affaire de rentes et lui dit que les choses ne s'étaient pas passées comme on l'avait fait croire et que vous vous étiez seulement trouvé une fois chez M. le Chancelier et encore que c'était pour apaiser le tumulte et pour preuve de cela il lui conta que vous aviez parlé à M. Foquet d'avertir M...; il lui dit aussi que je lui parlerais après la comédie. Enfin, il lui dit tant de choses qu'il obligea M. le Cardinal à lui dire : — Je vous promets de lui accorder tout ce qu'elle me demandera. M. de Montdory dit la même chose à madame d'Aiguillon, laquelle lui disait que cela lui faisait grand'pitié, et qu'elle y apporterait tout ce qu'elle pourrait de son côté. Voilà tout ce qui se passa devant la comédie. Quant à la représentation, M. le Cardinal parut y prendre grand plaisir; mais principalement lorsque je parlais, il se mettait à rire, comme aussi tout le monde de la salle.

» Dès que la comédie fut jouée, je descendis du théâtre avec le dessein de parler à madame d'Aiguillon; mais M. le Cardinal s'en allait, ce qui fut cause que j'avançai droit à lui, de peur de perdre cette occasion-là en allant faire la révérence à madame d'Aiguillon; outre cela, M. de Montdory me pressait entièrement d'aller parler à M. le Cardinal. J'y allai donc, et lui récitai les vers que je vous envoie, qu'il reçut avec une extrême affection et des caresses si extraordinaires que cela n'était pas imaginable. Car, premièrement, dès qu'il me vit venir à lui, il s'écria : — Voilà la petite Pascal! » et puis il m'embrassait et me baisait et, pendant que je disais mes vers, il me tenait toujours entre ses bras et me baisait à tous moments avec une grande satisfaction et puis, quand je les eus dits, il me dit : — Allez, je vous accorde tout ce que vous demandez; écrivez à votre père qu'il revienne en toute sûreté.

. . . .

» Après cela, comme madame d'Aiguillon s'en allait, ma sœur l'alla saluer, à qui elle fit beaucoup de caresses, et lui demanda où était mon frère et dit qu'elle eût bien voulu le voir.

Cela fut cause que ma sœur le lui mena; elle lui fit encore grands compliments et lui donna beaucoup de louanges sur sa science.

. . . .

» Je m'estime extrêmement heureuse d'avoir aidé à une affaire qui peut vous donner du contentement; c'est ce qu'a toujours souhaité avec une extrême passion, monsieur mon père,

» Votre très humble et très obéissante fille et servante

» Pascal. »

Richelieu tint sa promesse. Étienne Pascal, nommé intendant de Normandie à Rouen, devint un des premiers personnages de la ville. Condorcet va trop loin en présentant sa nomination comme un acte de perspicacité et de justice. Personne, s'il n'eût été le père de Jacqueline, n'aurait songé à lui, mais personne non plus ne s'étonna de cette haute fortune. Étienne Pascal n'était pas un parvenu grandi par le caprice du ministre. Sa famille, habituée aux emplois publics et aux dignités, faisait remonter à Louis XI des titres authentiques de noblesse. La menace de la Bastille était un ennui qu'un homme de rien n'avait pas à craindre.

Les circonstances étaient graves.

Les partisans et les traitants, par leurs exactions, avaient mérité l'exécration publique. Le poids des tailles était insupportable et les contraintes les plus rigoureuses menaçaient la vie, la liberté et les biens de tous les sujets du roi.

Les plus riches, dans chaque paroisse, devaient répondre pour tous. Le Parlement et la Cour des aides de Rouen condamnaient cette prétention. La nécessité des affaires ne permettait ni d'écouter leurs conseils ni de respecter leurs arrêts; à tout prix, l'impôt devait rentrer.

La résistance devint rébellion. On massacra les receveurs pour piller leurs bureaux. Les turbulents balancèrent l'effort des hommes d'armes qu'on put leur opposer, et la petite armée, enivrée et accrue par le succès, osa braver l'approche des troupes royales. Le maréchal Gassion, étonné de leur audace, et sans pitié pour ces va-nu-pieds, les refoula dans Avranches, les y réduisit à merci et, avec la brutalité d'un soldat, pour ne pas encombrer les bagnes, pour brider le peuple, pour rassasier enfin sa colère, fit pendre tous les prisonniers. On le loua d'avoir éteint le flambeau de la sédition; Pascal a condamné l'image comme trop luxuriante.

Attentif à cette sanglante tragédie où son père jouait un rôle, Pascal, déjà fidèle aux principes de toute sa vie, ressentait plus d'irritation contre les mutins que de pitié pour les victimes. A aucune époque, il n'aurait absous ceux qui osaient écrire : « comme si tout n'était pas excusable en un peuple justement irrité et qui, après tant de mespris en ses très justes plaintes, après tant de dénis de justice par ceux qui étaient tenus de la faire et, parmy tant de dangers, ne sachant à qui avoir recours ny mesme à qui se fier, y a esté porté de force et nécessité ».

Étienne Pascal et son collègue Paris, zélés pour les intérêts du roi, crurent se montrer rigoureux en taxant la ville de Rouen à la somme de cent cinquante mille livres. Les échevins trouvant la charge excessive, implorèrent toutes les protections; celle de l'archevêque semblait toute naturelle, il donna l'excellent conseil de le supplier d'ordonner des prières publiques pour apaiser la colère de Dieu et la justice du roi. C'était trop tôt. Loin de faire amende honorable, les bourgeois prirent les armes. L'affaire se termina comme la *Harelle* au temps de Charles VI, dans cette même ville de Rouen, et comme beaucoup d'autres sans doute. « Le roy Charles VI avait envoyé aux Rouennais, messire Jean de Vienne admiral de France, qui en fit exécuter aucuns et après leur pardonna la peine criminelle qui fut convertie en civile, dont grandes finances furent tirées. »

Seguier vint à Rouen sous Louis XIII, comme Jean de Vienne sous Charles VI, il fit pendre cinq des plus notables, et pardonna aux autres, dont, cette fois encore, grandes finances furent tirées.

La contribution dont les Rouennais se disaient accablés fut décuplée. Étienne Pascal montra dans ces tristes circonstances beaucoup de droiture et de fermeté.

Étienne Pascal, lors de la suppression des intendants exigée par le Parlement, quitta Rouen en 1648. Mazarin, en récompense des services rendus, lui donna les lettres de conseiller d'État, titre d'honneur qui n'enrichissait pas. On était au début de la Fronde. Les faveurs plus solides, dit Guy Patin, devaient alors être extorquées plus qu'obtenues. Étienne Pascal était de ces honnêtes gens dont parle La Bruyère, qui se payent de l'application qu'ils ont à leur devoir, par le plaisir qu'ils ont à le faire, et se désintéressent sur la reconnaissance, qui leur manque quelquefois.

Après avoir, pendant huit ans, géré les finances d'une grande province, jugé sans appel dans les cas les plus graves, accueilli ou rejeté des milliers de requêtes publiques ou privées, s'être vu chaque jour en position de refuser ou d'accorder des grâces, Étienne Pascal n'avait accru que ses embarras d'argent et la médiocrité de sa fortune. Il laissa sa famille très éloignée de la richesse.

Celui qui veut s'enrichir ne peut être juste devant Dieu, dit le sage : *Qui festinat ditari, non erit innocens.* Le pieux Étienne le savait.

Les rentes sur l'Hôtel de ville étaient mal payées. Guy Patin, dans une lettre du 16 novembre 1649, nous en donne des nouvelles :

» Il y a ici beaucoup de gens fort incommodés

d'avoir prêté au roi ; la plupart de ces gens-là ont grand'peine à se soutenir et sont à la veille d'une honteuse banqueroute s'ils ne reçoivent quelques douceurs de M. d'Esmery, de qui la plupart ont souhaité le retour aux finances, pour cet effet, et néanmoins il n'y a rien de si incertain. Il y a apparence qu'il sera premièrement pour le roi qui le met en besogne, et puis après pour le Mazarin et pour tous ceux qui l'ont rétabli en cette grande charge. Par après, il travaillera pour lui-même, sa famille et pour ses amis. Enfin j'ai peur que le reste ne soit bien court pour beaucoup des gens qui s'y attendent pour le grand besoin qu'ils en ont. »

Blaise, pour abréger le travail de son père, avait inventé une machine à calculer, souvent vantée comme preuve de son génie. Le problème est facile, il n'était pas besoin d'un Pascal pour le résoudre. Un horloger de Rouen, sur l'annonce d'une machine à calculer, avait eu, sans aucune science, l'adresse d'en construire une fort admirée par ceux qui l'essayèrent.

Pascal, indifférent à la gloire, tous ceux qui

l'ont connu l'ont répété, n'aimait pas cependant qu'on la lui disputât. Méprisant cet humble rival sans le dédaigner, le jeune inventeur se montra, comme dans toutes les circonstances de même sorte, adversaire redoutable et violent.

L'applaudissement fut grand et universel. La muse de Loret célébra le succès de la machine :

> Je me rencontrai l'autre jour
> Dedans le petit Luxembourg,
> Auquel beau lieu que Dieu bénie
> Se trouve grande compagnie
> Tant duchesses que cordons-bleus,
> Pour voir les effets merveilleux
> D'un ouvrage d'arithmétique
> Autrement de mathématique,
> Où, par un secret sans égal,
> Un auteur qu'on nomme Pascal
> Fit voir une spéculative
> Si claire et si persuasive,
> Touchant le calcul et le jet,
> Qu'on admira le grand projet.
> Il fit encor sur les fontaines
> Des démonstrations si pleines
> D'esprit et de subtilité
> Que l'on vit bien, en vérité,
> Qu'un très beau génie il possède
> Et qu'on le traita d'Archimède.

Pascal attachait une grande importance à sa découverte.

Il écrivait longtemps après :

« La machine arithmétique fait des effets qui approchent plus de la pensée que tout ce que font les animaux, mais elle ne fait rien qui puisse faire dire qu'elle a de la volonté, comme les animaux. »

La construction de la machine arithmétique absorba pendant trois ans l'activité de Pascal. Il en dessinait toutes les pièces et travaillait de ses mains pour guider les ouvriers.

C'est à Rouen également que Pascal, instruit par le Père Mersenne de la découverte du baromètre en Italie, étudia la théorie du vide, l'équilibre des liqueurs et découvrit le principe dont la presse hydraulique, sa plus glorieuse découverte, devint l'ingénieuse conséquence. Mersenne, par un motif que l'on ignore, avait tu le nom de Toricelli. Le baromètre venait d'Italie, c'est tout ce que savait Pascal. Pascal, s'avançant par degrés, accepta d'abord les principes de l'école; dans son premier écrit, daté de 1647, il croit à l'horreur du vide et veut prouver seulement que, comme l'avait supposé Galilée, elle a une limite.

Nous aurons à revenir sur le rôle de Pascal dans la création de l'hydrostatique.

Les poètes, alors fort répandus, célébraient les ingénieuses découvertes de Pascal.

D'Alibray lui écrivait :

De cette vérité tu nous rends une preuve
Ta claire expérience où le vide se treuve.
Nous convainc, cher Pascal, par des moyens puissants
Et nous fait dire à tous : insensé qui se fie
     A la philosophie
    Sans le secours des sens.

Tandis que Blaise, souffrant et infirme, cherchait dans la science un divertissement, ses deux sœurs, rayonnantes de jeunesse, de grâce et de beauté, se plaisaient aux succès du monde. Elles embellissaient les plus belles fêtes; un murmure joyeux y saluait l'entrée des demoiselles Pascal, et ceux qui s'approchaient pour entendre les aimables et gais propos de Jacqueline n'avaient à craindre aucune déception. Sa précoce réputation disposait à l'admiration.

Le grand Corneille l'encourageait et vantait ses vers. Elle prit part, sous son patronage, au concours des Palinods et obtint le prix.

L'institution du concours remontait à l'année 1486. Maître Pierre Daré, écuyer de Chateauroux, conseiller du roi et lieutenant général à Rouen, ayant été élu prince, c'est-à-dire président, de l'illustre confrérie de la Conception de la Vierge, instituée en 1072 par l'archevêque Jean de Bayeux, proposa des prix aux poètes qui auraient le mieux rencontré sur le sujet de la Conception de la sainte Vierge. Le Puy, c'est-à-dire le théâtre où les poésies devaient être lues et examinées, fut premièrement tenu en l'église paroissiale de Saint-Jean.

Gilberte dans le récit qu'elle nous a laissé de la vie de Jacqueline nous dit :

« M. Corneille ne manqua pas de venir nous voir et pria ma sœur de faire des vers sur la Conception de la Vierge, qui est le jour qu'on donne des prix.

» Tous les poètes français étaient admis au concours.

» Elle fit des stances et on lui donna le prix avec des trompettes et des tambours, en grande cérémonie. Elle reçut cela avec une indifférence admirable. »

Corneille, pendant la cérémonie, improvisa quelques vers à l'adresse du président, auquel une vieille tradition accordait dans l'exercice de ses fonctions le titre de prince.

> Prince, je prendrai soin de vous remercier
> Pour une jeune muse absente
> Et son âge et son sexe ont de quoi convier
> A porter jusqu'au ciel sa gloire encor naissante.
> De nos poëtes fameux, les plus hardis projets
> Ont manqué bien souvent d'assez justes sujets
> Pour voir leurs muses couronnées,
> Mais c'en est un beau qu'aujourd'hui
> Une fille de douze années
> A, seule de son sexe, eu des prix sur le Puy.

Jacqueline, quoi qu'en dise Corneille, avait quinze ans, car elle est née le 4 octobre 1625. Sa pièce de vers est datée du mois de décembre 1640.

Blaise faisait allusion sans doute aux souffrances de toute sa vie, quand il écrivait :

« Quand on est malade, on prend médecine gaiement. Le mal y résout, on n'a plus la passion, les désirs, les divertissements de promenade que la santé donne et qui sont incompatibles avec les nécessités de la maladie. La maladie donne des passions et des désirs conformes à l'état présent. »

Tout en plaçant ses infirmités parmi les exercices de la pénitence, Blaise désirait guérir, et, sans grande confiance, obéissait aux médecins. Plus tard, il écrivait à ce sujet :

« Si les magistrats avaient la véritable justice, si les médecins avaient le vrai art de guérir, ils n'auraient que faire des bonnets carrés, la majesté de leur science serait assez vénérable d'elle-même ; mais, n'ayant qu'une science imaginaire, il faut qu'ils prennent ces vains instruments qui frappent l'imagination à laquelle ils ont affaire et par là, en effet, ils s'attirent le respect. Nous ne pouvons pas seulement voir un avocat en soutane et le bonnet en tête, sans une opinion avantageuse de sa suffisance. »

Sans insister sur les drogues qu'il n'avalait qu'avec de grands efforts, les médecins donnèrent à Pascal l'excellent conseil d'épargner sa chair et de se divertir. L'ordonnance lui plut et Jacqueline, devenue déjà intolérante et sévère, trouva qu'elle lui plaisait trop.

La ferveur religieuse, toujours en honneur

dans la famille Pascal, avait redoublé, chez le père comme chez les enfants.

Au mois de janvier 1646, Étienne Pascal étant sorti de chez lui pour quelque affaire de charité, tomba sur la glace et se démit une cuisse. Dans cet état, il ne crut pas devoir donner sa confiance à d'autres personnes qu'à deux gentilhommes voisins de Rouen, qui avaient une grande réputation pour ces sortes de maux. Ces deux gentilhommes, MM. de la Bouteillerie et des Landes, n'avaient d'autres pensées que celles de leur salut et de la charité envers le prochain. Ils avaient fait bâtir chacun un petit hôpital au bout de leur parc. M. des Landes, qui avait dix enfants, mit dix lits dans le sien et M. de la Bouteillerie, qui n'en avait point, en mit vingt. Ils recevaient tous les pauvres malades qui se présentaient et les traitaient fort charitablement, leur servant de médecin et de chirurgien.

M. Pascal ayant prié ces messieurs de lui remettre la cuisse, ils y travaillèrent et vinrent passer quelque temps chez lui pour être à portée de remédier aux accidents qui pourraient survenir. Leurs exemples et leurs discours y opérèrent bientôt un grand changement. On voulut lire les livres de piété qu'ils lisaient, afin de s'instruire de la religion comme ils l'étaient. Ce fut ainsi que la famille Pascal commença à prendre connaissance des ouvrages de Jansénius, de M. de Saint-Cyran, de M. Arnauld et d'autres de ce genre dont la lecture ne fit qu'augmenter le désir qu'ils avaient de se donner à Dieu.

Blaise fut le premier touché.

Dans les lectures conseillées par les pieux gentilhommes, on a cru pouvoir dire quels passages ont incliné et plié l'esprit de Pascal. Une page de Jansénius a été signalée, qui semble, par une singulière rencontre, directement adressée au jeune savant.

L'application facile en devient-elle plus efficace? La question est douteuse. La prédication opère par sa propre vertu et persuade souvent — le paradoxe est de Saint-Paul — parce qu'elle n'a point de force pour persuader.

Dans les effets de la grâce la logique n'a rien à voir.

Pascal, qui souffrait toujours, avait besoin de

bénir le bras qui le frappait. Chrétien dès le berceau, il était préparé à entendre le langage de ceux qui sont du Ciel.

Engagés par son exemple, animés par son ardeur, habitués pour Blaise à l'admiration et disposés à la confiance, son père, son beau-frère et ses sœurs se montrèrent prompts à suivre ses traces, et Jacqueline, reconnaissante de la grâce épanchée sur toute la famille, appliquait à son frère les paroles de l'Écriture :

Credidit ipse et domus ejus tota.

Un homme à Rouen enseignait alors une nouvelle philosophie qui attirait tous les curieux. Gilbert écrit à ce sujet :

« Mon frère ayant été pressé d'y aller par deux jeunes hommes de ses amis, y fut avec eux, mais ils furent bien surpris dans l'entretien qu'ils eurent avec cet homme, qu'en leur débitant les principes de la philosophie, il en tirait des conséquences sur des points de foi, contraires aux décisions de l'Église. Il prouvait, par ses raisonnements, que le corps de Jésus-Christ n'était pas formé du sang de la sainte Vierge, mais d'une autre matière créée exprès et plusieurs autres choses semblables. — Ils voulurent le contredire, mais il demeura ferme dans ce sentiment; de sorte qu'ayant considéré entre eux le danger qu'il y avait de laisser la liberté d'instruire la jeunesse à un homme qui avait des sentiments erronés, ils résolurent de l'avertir premièrement et puis de le dénoncer s'il résistait à l'avis qu'on lui donnait. La chose arriva ainsi, car il méprisa cet avis, de sorte qu'ils crurent qu'il était de leur devoir de le dénoncer à M. du Bellay, qui faisait pour lors les fonctions épiscopales dans le diocèse de Rouen, par commission de l'archevêque. M. du Bellay envoya quérir cet homme, et l'ayant interrogé, il fut trompé par une confession de foi équivoque qu'il lui écrivit et signa de sa main, faisant d'ailleurs peu de cas d'un avis de cette importance qui lui était donné par trois jeunes hommes. Cependant, aussitôt qu'ils virent cette confession de foi, ils connurent ce défaut; ce qui les obligea d'aller trouver à Gaillon M. l'archevêque de Rouen, qui, ayant examiné toutes les choses, les trouva si importantes, qu'il écrivit une patente à son conseil et donna un ordre exprès à M. du Bellay de faire rétracter cet homme sur tous les points dont il était accusé, et de ne recevoir rien de lui, que par la communication de ceux qui l'avaient dénoncé. La chose fut exécutée ainsi, et il comparut dans le conseil de M. l'archevêque, et renonça à tous ses sentiments et on peut dire que ce fut sincèrement, car il n'a jamais témoigné de fiel contre ceux qui lui avaient causé cette affaire.

» Ainsi cette affaire se termina doucement. »

L'affaire se termina doucement, il est vrai, mais après avoir procuré de cruelles alarmes au frère Saint-Ange. Le zèle de Pascal le poursuivit devant le conseil de l'archevêché. « Le jeune Pascal, disent les procès-verbaux, ne s'y présentait pas comme accusateur, c'est comme témoin qu'il repoussait les excuses alléguées. » La distinction est subtile. Cousin a détourné éloquemment les yeux de cette *déplorable affaire*. Nous ne devons pas l'imiter, car elle confirme, loin de les démentir, les principes toujours avoués et proclamés par

Pascal. Les conséquences possibles de son action ne le faisaient ni trembler ni gémir. Sa conscience était tranquille.

Jamais les principes de Pascal n'ont changé.

« Si j'étais, écrit-il dix ans après, dans une ville où il y eut douze fontaines et que je susse certainement qu'il y en a une empoisonnée, je serais obligé d'avertir tout le monde de n'aller point puiser de l'eau à cette fontaine. Et comme on pourrait croire que c'est une pure imagination de ma part, je serais forcé de nommer celui qui l'a empoisonnée, plutôt que d'exposer toute une ville à s'empoisonner. »

Dans une lettre célèbre, restée trop longue faute de temps pour la faire plus courte, c'est la dix-septième des *Lettres provinciales,* Pascal déclare qu'en matière aussi grave, la prescription n'existe pas. Parlant d'un attentat contre la Foi, oublié depuis trente-six ans, il s'écrie :

« Vous en connaissez l'auteur, mes pères, et par conséquent vous êtes obligés de déférer cet impie au roi et au Parlement pour le faire punir comme il le mériterait. »

Quelle que soit la répugnance pour le rôle de dénonciateur, le devoir, selon Fénelon, est de la surmonter. C'est ce qu'il exprime dans une lettre au Père Quesnel :

« Le titre de dénonciateur, quoique affreux en soi, est très juste et très nécessaire d'après tous vos principes. »

Bossuet pensait de même :

« Si ceux qui sont en sentinelle sur la maison d'Israël ne sonnent pas de la trompette, Dieu demandera de leurs mains le sang de leurs frères qui seront déçus faute d'avoir été avertis. »

Rien aux yeux des croyants n'est plus dangereux que la tolérance.

Madame Guyon, quelques années plus tard, dogmatisait à son tour, et inquiétait par sa puissance de séduction la prudence de l'évêque de Meaux. Fénelon, en y appliquant toute sa charité, croyait à l'innocence de son amie. Sur ce point seul portait le débat; sur le devoir de punir l'hérésie, les illustres prélats convenaient des mêmes principes.

« Oui, s'écrie Fénelon, héroïque pour défendre l'Église, comme un Romain pour sa patrie, oui, je brûlerais mon amie de ma propre main et je me brûlerais moi-même avec joie, plutôt que de laisser l'Église en péril. »

Telles sont ses propres paroles.
La réponse de Bossuet en accroît la force :

« Ne brûlez pas madame Guyon, lui dit-il, vous seriez irrégulier. Ne brûlez pas une femme qui témoigne se reconnaître, à moins, encore une fois, que vous soyez assuré que la reconnaissance n'est pas sincère. »

Bossuet a raison. Il est irrégulier de brûler les gens avant qu'ils l'aient mérité. L'affaire allait là pour le frère Saint-Ange; il le savait. Ne pas se reconnaître eût été périlleux, mais il se reconnaissait de mauvaise grâce. Pascal le serrant de près, discutait sa rétractation équivoque.

Quand son zèle suit la voie tracée à Fénelon par Bossuet, pourquoi détourner les yeux?

Tout s'arrangea pour le frère Saint-Ange. Étienne Pascal, par une déposition très habile, ne contribua pas peu à adoucir l'affaire, et l'archevêque de Rouen, par sa prudence, déchargea Blaise de la terrible responsabilité dont il se serait fait gloire.

Gilberte, mariée à Clermont, était devenue madame Perier; elle retrouva, dans sa ville natale, avec le respect qu'elle méritait, la considération et le rang dès longtemps accordés à sa famille.

Fléchier, désireux d'amuser ses lecteurs, affecte pour la province, dans ses *Mémoires sur les Grands-Jours d'Auvergne*, un dédain qui veut être piquant. Son ironie cependant s'incline devant Gilberte :

« Toutes les dames de la ville vinrent pour rendre leurs respects à nos dames, non pas successivement, mais en troupe. Comme la plupart ne sont pas faites aux cérémonies de la cour et ne savent que leur façon de province, elles vont en grand nombre afin de n'être pas si remarquées et de se rassurer les unes les autres. C'est une chose plaisante de les voir entrer, l'une les bras croisés, l'autre les bras baissés comme une poupée. Toute leur conversation est bagatelle, et c'est un bonheur pour elles quand elles peuvent tourner le discours à leur coutume et parler des points d'Aurillac.

» La personne qui nous parut plus raisonnable fut madame Perier. Les louanges que la marquise de Sablé lui donna, la réputation que son frère, M. Pascal, s'était acquise et sa propre vertu la rendent très considérable dans la ville et quelque gloire qu'elle tire de l'estime où elle est de la parenté qu'elle a eue, elle serait illustre, quand il n'y aurait pas de marquise de Sablé et quand il n'y aurait jamais eu de M. Pascal. »

Cette page écrite pour amuser le lecteur, n'y réussit pas. Le jugement sur Gilberte est incohérent; elle paraît plus raisonnable que les niaises qui l'entourent et pour cela elle mérite d'être illustre!

Sur elle, les témoignages sont unanimes; les honnêtes gens l'admiraient sans demander de qui elle était sœur.

Étienne Pascal faisait de longs séjours chez

sa fille ; Jacqueline l'accompagnait quelquefois, quelquefois restait à Paris, chargée de soigner Blaise et de veiller sur lui. Blaise, c'était l'ordre des médecins, cherchait le divertissement. Son cœur, toujours vide et inquiet, s'essayait, faute de mieux, aux frivoles distractions du monde. On jouait beaucoup alors et avec prodigalité. Pascal préludait, en perdant son argent à l'invention du calcul des probabilités, apprenant par expérience, avant de démontrer par raisonnement, qu'à tout jeu de hasard, le joueur loyal, si habile qu'il soit à régler ses mises, ne peut diminuer ses chances de perte.

Pascal, sans scrupules alors, assistait à la comédie. Comment aurait-il su plus tard, s'il n'avait quelquefois affronté le péril, le décrire avec tant de force ?

« Tous les grands divertissements sont dangereux pour la vie chrétienne, mais entre tous ceux que le monde a inventés, il n'y en a point qui soit plus à craindre que la comédie. C'est une représentation si naturelle et si délicate des passions qu'elle les émeut et les fait naître dans notre cœur, et surtout celle de l'amour, principalement lorsqu'on le représente fort chaste et fort honnête. Ainsi l'on s'en va de la comédie, le cœur si rempli de toutes les beautés et de toutes les douceurs de l'amour, l'âme et l'esprit si persuadés de son innocence qu'on est tout préparé à recevoir ses premières impressions ou plutôt à chercher l'occasion de les faire naître dans le cœur de quelqu'un, pour recevoir les mêmes plaisirs et les mêmes sacrifices que l'on a vus si bien peints. »

Curieux de tout, autorisé par la coutume, voyant autour de lui les plus honnêtes gens faire de l'amour profane l'affaire importante de leur vie, et quelque diable aussi peut-être le poussant, il voulut suivre leurs douces maximes et, lui aussi, faire le galant. Mais si, captif du monde, comme on disait à Port-Royal, il a perdu la paix de Sion, il n'a pas connu l'ivresse de Babylone. Son esprit seul était impétueux; le désir a traversé sa vie, jamais le bonheur. La jeune Vénitienne dont on sait l'histoire, lui aurait conseillé de retourner aux mathématiques. Pascal craignait l'amour à l'égal de la gloire. C'est en Dieu seul qu'il voulait s'abimer et se perdre. Sans avoir goûté la honte de la défaite, il rougissait au souvenir de la lutte, et Jacqueline, sa pieuse confidente, en avait gémi avant lui.

Une beauté mortelle ne pouvait le toucher, mais quel cœur, quelle âme, quel esprit ont pu faire tourner cette tête si bien faite et si bien organisée! comme disait madame de Sévigné d'un évêque qui ne le valait pas. On a cherché indiscrètement et inutilement. Rien ne révélera cet innocent mystère caché depuis deux siècles.

On attribue à Pascal un discours sur les passions de l'amour. Le manuscrit, découvert par Cousin dans un recueil souvent consulté, a pour titre : *Discours sur les Passions de l'amour, attribué à M. Pascal.*

Le génie, dit-on, éclate dans ces pages. C'est un chef-d'œuvre, donc Pascal en est l'auteur! Cousin argumente, à son ordinaire, avec trop d'éloquence : ce style brillant n'est pas celui de Bossuet, cette logique n'est pas celle de Descartes, ces chutes imprévues ne sont pas de La Bruyère, ce scepticisme n'est pas celui de La Rochefoucauld, ces élans vers le ciel ne sont pas ceux de Fénelon, et chacune de ces assertions donne occasion, dans une courte phrase, de faire briller le goût littéraire d'un esprit sensible à toutes les nuances du style. La conclusion est certaine : Pascal seul a pu écrire ces pages. Au xvii⁰ siècle, cependant, pour tous les honnêtes gens, le style était excellent ; l'amour a toujours prêté à l'éloquence et, même en monologue, à l'agrément d'un discours.

La décision de Cousin n'a pas cependant rencontré d'incrédules et plus d'un lecteur, prévenu d'estime et d'admiration pour un nom sans égal, s'est dit, en renversant la thèse : Ce discours est d'un bout à l'autre un chef-d'œuvre, car il est de Pascal.

Quel que soit le véritable auteur, quelques pages sont dignes de Pascal, quelques autres, moins heureusement rencontrées, quoique marquées à son cachet, font songer à une imitation.

« Quelque étendue d'esprit que l'on ait, l'on n'est capable que d'une grande passion, c'est pourquoi quand l'amour et l'ambition se rencontrent ensemble, elles ne sont grandes que de la moitié de ce qu'elles seraient s'il n'y avait que l'une ou l'autre. »

Cette règle de trois est-elle de Pascal ou d'un imitateur, qui le sait géomètre et ne l'est pas lui-même?

Dans une grande âme tout est grand.

La supposition serait ridicule, mais le rapprochement est permis. Cette exclamation rappelle beaucoup plus l'emphase de Cousin que la justesse de Pascal.

N'a-t-il pas été dit, et par Pascal lui-même :

« On tient aux grands hommes par le bout par où ils tiennent au peuple; car, quelque élevés qu'ils soient, si sont-ils unis aux moindres des hommes par quelque endroit. Ils ne sont pas suspendus en l'air, tout abstraits de notre société. Non, non, s'ils sont plus grands que nous, c'est qu'ils ont la tête plus élevée, mais ils ont les pieds aussi bas que les nôtres. Ils y sont tous au même niveau, s'appuient sur la même terre et, par cette extrémité, ils sont aussi abaissés que nous, que les plus petits, que les enfants, que les bêtes. »

Dans une grande âme, les petitesses sont nombreuses. Pascal ne l'ignorait pas.

« La netteté de l'esprit cause aussi la netteté de la passion, c'est pourquoi un esprit grand et net aime avec ardeur et il voit distinctement ce qu'il aime. »

Qu'est-ce à dire? L'amour n'est plus aveugle!
Un amant vante l'éclat des perfections qui l'enflamment, non la netteté de son esprit qui sait les voir.

L'imitation, dans le passage suivant, toucherait au plagiat :

« Il y a deux sortes d'esprit : l'un géométrique, et l'autre qu'on peut appeler de finesse. Le premier a des vues lentes, dures et inflexibles, mais le dernier a une souplesse de pensée qu'il applique en même temps aux diverses parties de ce qu'il aime.

« Des yeux il va jusqu'au cœur et, par le mouvement du dehors, il connaît ce qui se passe au dedans. Quand l'un et l'autre esprit sont ensemble, que l'amour donne du plaisir! Car on possède à la fois la force et la flexibilité de l'esprit, qui est très nécessaire pour l'éloquence de deux personnes. »

Cela est très bien dit, mais l'esprit de finesse, s'il l'avait conservé, aurait révélé à Renaud les perfidies d'Armide, et l'esprit géométrique, plus robuste, aurait guidé sa fuite à travers le dédale des jardins enchantés. L'esprit ne donne pas le plaisir en amour.

> Les gens d'esprit ni les heureux
> Ne sont jamais bien amoureux.
> Tout ce beau monde a trop affaire :
> Les pauvres, en tout, valent mieux.
> Jésus leur a promis les cieux
> L'amour leur appartient sur terre.

Mais quels exemples choisissons-nous ! Ces horribles attaches que Pascal repoussait, ne sont pas ce qu'il nommait amour.

Pascal, pendant sa vie mondaine, s'était pour toujours éloigné de la science, de la philosophie plus encore. Pour la religion, il suivait la règle sans la discuter. On ignore quels orages l'ont assailli dans le monde, quelles terreurs ont troublé ses plaisirs.

C'est à cette époque qu'il faut rapporter l'invention des carrosses à cinq sols, qui, réalisée quelques années plus tard, lui a fait connaître, pendant les dernières années de sa vie, les émotions du spéculateur et les espérances de grande fortune. Le duc de Roannez, concessionnaire de l'entreprise, y avait associé toute la famille Pascal.

Sans que tout soit grand dans un grand homme, tout y devient digne d'attention. On a étudié chez Pascal les détails de l'éducation, raconté les crises de la santé, dit les occasions de ses amitiés, et, quoiqu'il n'ait vécu que par la pensée, recherché en toute occasion son rôle si petit qu'il soit.

La maison dans laquelle il est né, celles qu'il a habitées à Paris ou à Rouen ont été l'objet d'études poursuivies avec passion. Pour retrouver, après deux siècles, les murs qui ont abrité son enfance, M. Gomot, archiviste de Clermont, a déployé autant de patience que de sagacité. Les habitants de Clermont ont vu disparaître de nos jours ces souvenirs retrouvés avec tant de joie.

Étienne Pascal, à Paris, demeura d'abord rue de la Tixeranderie, dans la paroisse de Saint-Jean-en-Grève ; rien ne reste de la rue, on pourrait dire du quartier. La cour d'une caserne remplace la maison dans laquelle Pascal a inventé la trente-deuxième proposition d'Euclide.

Pascal, à Rouen, habitait derrière les fossés Saint-Ouen; le quartier a changé d'aspect. Lors de son retour à Paris, Pascal s'est logé rue Beaubourg, dans la paroisse Saint-Nicolas-des-Champs; l'église dans laquelle il avait accoutumé d'aller chaque matin entendre la messe n'existe plus; puis rue de Touraine, aujourd'hui, je crois, rue du Perche, dans la paroisse Saint-Jean-en-Grève. C'est là qu'il perdit son père.

Quelques années après, en 1656, l'année des *Provinciales*, Pascal occupait près de la porte Saint-Michel, déjà en partie détruite, une maison, dont l'emplacement appartient aujourd'hui au jardin du Luxembourg ou peut-être au boulevard Saint-Michel; il s'est transporté ensuite rue Saint-Étienne, non loin de l'église Saint-Étienne-du-Mont, où se trouve son tombeau.

Aucune minutie n'est dédaignée lorsque Pascal y joue un rôle. Nous rapporterons donc une anecdote dont il est certainement le héros, mais la vanité bien connue du narrateur — c'est le chevalier de Méré — en a, très certainement aussi, altéré, inventé même plus d'un détail. Jamais le frère de Gilberte et de Jacqueline n'a ressemblé à l'homme qu'il peint au début :

« Je fis un voyage avec le D. D. R. (le duc de Roannez) qui parle d'un sens profond et que je trouve de fort bon commerce. M. M... (Miton sans doute) que vous connaissez et qui plaît à toute la cour était de la partie et, parce que c'était plutôt une promenade qu'un voyage, nous ne songions qu'à nous réjouir et nous discourions de tout. L. D. D. R. (Le duc de Roannez) a l'esprit mathématique et, pour ne pas nous ennuyer dans le chemin, avait fait provision d'un homme entre deux âges, qui n'était alors que fort peu connu, mais qui depuis a bien fait parler de lui. C'était un grand mathématicien, qui ne savait que cela. Ces sciences ne donnent pas les agréments du monde. Cet homme, qui n'avait ni goût ni sentiment, ne laissait pas de se mêler en tout ce que nous disions, mais il nous surprenait presque toujours et nous faisait souvent rire. Il admirait l'esprit et l'éloquence de X... et nous

rapportait les bons mots du président d'O...
(d'Ons en Bray sans doute).

» Nous ne pensions à rien moins qu'à le désabuser, cependant nous lui parlions de bonne foi. Deux ou trois jours s'étaient écoulés de la sorte, il eut quelque défiance de ses sentiments et ne faisant plus qu'écouter ou qu'interroger pour s'éclaircir sur les sujets qui se présentaient, il avait des tablettes qu'il tirait de temps en temps, où il mettait quelques observations. Cela fut bien remarquable qu'avant que nous fussions à P.... (Poitiers) il ne disait rien qui ne fût bon et que nous n'eussions voulu dire, et, sans mentir, c'était être revenu de bien loin.

» Depuis ce voyage, il ne songea plus aux mathématiques qui l'avaient toujours occupé, et ce fut là comme une abjuration. »

Pascal, évidemment, est le héros de cette anecdote, mais il faut compter avec la vanité du chevalier de Méré, qui, pour égayer son récit ne se fait pas faute de l'embellir. Le témoignage n'est pas acceptable. Qui n'aurait cru que, dans son commerce avec le chevalier de Méré, Pascal, pour se mettre à sa portée, ne dût abaisser le tour habituel de son langage et le niveau de sa pensée?

L'anecdote du voyage à Poitiers, rendue très assurée par tant de vraisemblances réunies, doit-elle changer notre opinion? Une seule chose est certaine, c'est que le chevalier de Méré ne la partage pas. Un cinquième voyageur, que Méré ne nomme pas, ne serait-il pas La Bruyère? Si les dates ne s'y opposaient absolument, on aimerait à croire qu'il songeait à ces conversations dans lesquelles de Roannez et de Méré dépensaient, en présence de Pascal incapable de comprendre, l'esprit du jour de leurs coteries parisiennes, lorsqu'il écrivait :

« La ville est partagée en diverses sociétés, qui sont comme autant de petites républiques qui ont leurs lois, leurs usages, leur jargon et leurs mots pour rire; tant que cet assemblage est dans sa force et que l'entêtement subsiste, l'on ne trouve rien de bien dit ou de bien fait que ce qui part des siens, et l'on est incapable de goûter ce qui vient d'ailleurs. Cela va jusqu'au mépris pour les gens qui ne sont pas initiés dans leurs mystères. L'homme du monde du meilleur esprit, que le hasard a porté au milieu d'eux, leur est étranger. Il se trouve là comme dans un pays lointain, dont il ne connaît ni les routes, ni la langue, ni les mœurs, ni la coutume.

. . . .

» Il y perd son maintien, ne trouve pas où placer un seul mot et n'a pas même de quoi écouter. »

Pascal, enfermé pour quelques jours dans cette petite république, en a appris la langue et les lois rapidement, mais méthodiquement, comme il faisait de tout; la géométrie n'y est pour rien.

Étienne Pascal mourut en l'année 1651. Blaise avait alors vingt-huit ans. Jacqueline, sa compagne la plus chère, le précédant dans la voie qu'il lui avait enseignée, tournait ses regards vers Port-Royal. C'était pour elle la terre des élus. Cette admirable fille avait réalisé la première partie du souhait dont parle La Bruyère : Être une fille et une belle fille depuis treize ans jusqu'à vingt-deux. Après cette époque, elle devint une sainte, intrépide dans sa foi, osant, avec un cœur de lion, faire rougir les évêques de laisser voir des cœurs de fille.

Impatiente du monde, elle y était restée par obéissance. Son père approuvait ses projets, lui disant qu'il voyait bien qu'elle ne voulait point penser au monde, qu'il approuvait en tout ce dessein et qu'il lui promettait de ne lui faire jamais proposition d'engagement aussi avantageux qu'il parût, mais qu'il la priait de ne le point quitter, que sa vie serait possible, pas encore bien longue et qu'il la priait d'avoir cette patience. Jacqueline, obéissante et soumise, resta dans le monde pour en user comme n'en usant pas. Port-Royal comptait sur elle. M. Singlin, si habile à suivre la trace de Dieu dans les âmes, n'avait jamais vu en personne de si grandes marques de vocation. Après quatre ans d'attente l'attrait subsistait dans son cœur. Elle fit une retraite et en sortit affranchie pour toujours de toutes les espérances du siècle.

L'obstacle, contre toute attente, vint de sa famille. Quelques documents très intéressants et très certains ont été récemment découverts.

M. Barroux, archiviste aux Archives de la Seine, a publié une série d'actes notariés relatifs à Pascal. Je veux parler surtout de six donations distinctes, datées des 19, 20, 22, 23, 25 et 26 octobre 1651, faites, soit par Pascal à sa sœur Jacqueline, soit par Jacqueline à son frère Blaise. La première est faite le lendemain du jour où Blaise et Jacqueline écrivaient en commun la belle lettre, souvent citée, sur la mort de leur père. Interrompant leurs austères méditations, chacun des six jours suivants, ils se rendirent ensemble chez leur notaire. La première donation de Blaise est une rente viagère de sept cents livres, assurée à sa sœur Jacqueline « pour le bon amour et affection que ledit sieur donateur a dit porter à ladite demoiselle donataire sa sœur et que telle est sa volonté d'ainsi le faire ». Pascal donne, on prend soin de le déclarer, et ne reçoit rien en échange.

Le lendemain, nouvelle donation et nouvel acte; c'est Jacqueline, cette fois, qui fait don à son frère d'une somme de huit mille livres.

Cette donation est faite pour la bonne amitié que ladite demoiselle et pour le bon amour et affection que ladite donatrice a dit porter audit sieur donataire son frère, et que telle est sa volonté d'ainsi le faire.

Blaise, deux jours après, fait don de nouveau de cinq cents livres de rente viagère, toujours à cause de sa grande amitié pour sa sœur.

Jacqueline, le lendemain, donne à son frère huit mille livres, à raison de la grande amitié qu'elle a pour lui, et non pour autre cause.

Jacqueline, si l'on veut résumer l'ensemble de ces actes, place l'argent comptant qui lui échoit dans la succession de son père, en rente viagère, au taux de sept et demi pour cent, ce qui, en ayant égard à son âge et au taux de l'intérêt à cette époque, paraît un marché équitable. Pourquoi ne pas insérer cette convention dans un seul acte et par là diminuer les frais en même temps que le nombre des visites chez le notaire? comme si chacun à son tour voulait goûter la douceur de donner, plus grande que celle de recevoir.

La raison paraît évidente; il a été dit :

Mutuum date nihil inde sperantes.

Jacqueline et Blaise, instruits du précepte, voulaient l'observer à la lettre, ou, pour en parler mieux, en respecter la lettre et s'affranchir de l'esprit. Ils donnent par pure amitié. Une donation est un acte irréprochable, généreux même et empreint d'un sentiment de charité. Comment plusieurs donations seraient-elles blâmables?

Lorsque Pascal, cinq ans plus tard, flétrissait dans la huitième *Provinciale* l'art de pallier les usures, et les habiletés du contrat Mohatra, le souvenir des donations échangées avec Jacqueline aurait dû le rendre indulgent.

Par un acte du 26 octobre, précédé d'une troisième donation de rente viagère, Jacqueline donne à Blaise, sans désignation des détails, la totalité des rentes et sommes d'argent qui pourront lui échoir dans le partage de la fortune paternelle.

Les donations mutuelles de Pascal et de sa sœur seraient, dans leur ensemble, parfaitement équitables, si diverses clauses, en rendant illusoires et fictifs les avantages accordés à Jacqueline, ne leur donnaient un caractère véritablement léonin.

L'axiome : *Is fecit cui prodest* ne doit pas s'appliquer à la famille Pascal.

Dans le recueil des pensées édifiantes que Jacqueline écrivait quand elles traversaient son esprit, on lit :

« Jésus meurt tout nu.

« Cela m'apprend à me dépouiller de toutes choses. »

Elle regardait les biens de fortune comme un esclavage; heureuse, en s'en dépouillant, d'enrichir son cher Blaise, pour lequel, par une dernière attache au monde, elle rêvait, l'en sachant digne, tout ce que le siècle a de plus flatteur. La pauvreté est une entrave. Pascal ne repoussait alors ni l'accès des dignités et des charges ni la pensée d'un brillant mariage.

Les rentes viagères données à Jacqueline devaient s'éteindre, non seulement par la mort de la donataire, mais aussi par celle de Blaise et par l'entrée de Jacqueline au couvent. Au moment où les donations furent échangées,

Jacqueline, depuis quatre ans déjà, s'était consacrée à Dieu. L'oblation était accomplie. La prudence humaine aurait conseillé de réserver la dot exigée par l'usage, indispensable surtout dans une maison sans cesse appauvrie par le mépris des richesses.

Jacqueline n'y avait pas songé. En faisant abandon à Blaise de toute sa fortune disponible, elle conservait, dans le partage des biens de sa famille, une part supérieure à sa dot. Mais chacun des enfants d'Étienne avait dû, pour l'arrangement des affaires de famille, donner sa garantie aux deux autres. Ils ne pouvaient vendre ni hypothéquer leurs biens.

Jacqueline comptait sur la complaisance d'une famille qui, sur toutes choses, entrait dans ses sentiments et dont elle savait la générosité toujours prête. On lui opposa, contre toute attente, des objections de droit.

Laissons la raconter, avec une admirable discrétion, ses embarras et ses angoisses :

« Vous saurez donc, ma chère mère, qu'aussitôt que j'eus mes voix pour la profession, je l'écrivis à mes parents pour mettre la dernière main à mes affaires et pour leur donner avis de la disposition que je désirais faire du peu de bien que Dieu m'avait donné; avec beaucoup de liberté et de franchise, leur déclarant que je désirais le lui rendre, puisque je m'en dépouillais, parce que je croyais avoir tant de sujet de m'assurer qu'ils approuveraient tous mes desseins; et que, connaissant le fond de mes intentions et la disposition de mon cœur à leur égard, j'avais la vanité de présumer qu'il ne m'aurait jamais été possible de les fâcher, quoi que je fisse; cependant, ils s'offensèrent au vif de mes desseins et crurent que je leur faisais une sensible injure de les vouloir déshériter en faveur de personnes étrangères que je leur préférais, disaient-ils, sans qu'ils m'eussent jamais désobligée. Enfin, ma chère mère, ils prirent les choses dans un esprit tout séculier, comme auraient pu faire des personnes tout du monde, qui n'auraient pas même connu le nom de charité.....

. . . .

» Mais, ma chère mère, vous n'avez que faire de tout cela; il faut seulement vous dire, pour la suite de l'histoire, que ce prétendu manque d'amitié de ma part leur donna beau jeu de raisonner sur l'inconstance de l'esprit humain et l'instabilité de son affection. Mais à la bonne heure s'ils en fussent demeurés là; ils auraient exercé leur esprit sans troubler le mien; mais ils ne le firent pas. Car ils m'écrivirent, chacun à part, de même style, et sans me dire qu'ils fussent choqués, ils me traitèrent néanmoins comme l'étant beaucoup, et, pour toute réponse à mes propositions, ils me firent une déduction de mes affaires à la rigueur, par où ils me déclaraient que la nature de mon bien était telle que je n'en pouvais disposer en façon quelconque, ni en faveur de qui que ce soit, tant à cause que par nos partages on était demeuré d'accord que nos lots répondraient solidairement l'un de l'autre de toutes les parties qui viendraient à manquer pendant un long temps, que pour d'autres raisons de chicane qui vous ennuieraient à redire et qui n'eussent pas été telles, sans doute, s'ils n'eussent été en mauvaise humeur, quoique je sache bien qu'à la rigueur elles étaient véritables, mais nous n'avions pas accoutumé d'en user ensemble…..

» Aussitôt que la mère Agnès sut que j'étais affligée, elle m'envoya querir, et ayant appris de moi que ce qui me touchait le plus sensiblement était cette nécessité où je me voyais réduite, ou de différer ce que je souhaitais depuis plusieurs années avec tant de passion, ou de le faire à des conditions qui m'étaient si pénibles, elle me dit plusieurs choses pour me consoler sur ce qu'on ne doit être touché que de ce qui est éternel ; que tout ce qui n'est que temporel n'est jamais irréparable et ne mérite pas d'être pleuré ; qu'il faut réserver les larmes pour les péchés qui sont les seuls malheurs véritables ; que tout le reste n'est rien..... »

L'honneur de la maison touchait la mère Agnès beaucoup plus que ses intérêts et ses droits.

« Elle ajouta plusieurs autres belles choses et, me parlant ensuite avec plus de gaieté pour ne rien oublier de ce qui pouvait adoucir l'amertume où j'étais, elle disait qu'il serait honteux pour la maison et incroyable à ceux qui la connaissent, s'il était dit qu'une novice, prête à y faire profession, fût capable d'être affligée de quoi que ce soit; mais beaucoup plus encore si on savait que c'est de se voir réduite à être reçue pour rien.....

» Enfin, ma chère mère, elle se servit de tant de moyens, qu'elle me réduisit presqu'à me réjouir de tout ce qui m'avait le plus affligée, et à n'oser plus avoir de douleur, que par la compassion de ceux qui m'en donnaient sujet. »

Jacqueline, après bien des hésitations, accepte la générosité de la maison. Elle continue son récit :

« J'écrivis à l'heure même cette résolution à mes parents, selon l'ordre que M. Singlin m'en donna et dans le style qu'il voulut même me prescrire de crainte que je m'emportasse à témoigner trop de chaleur. Il approuva néanmoins que je leur fisse connaître un peu fortement leur injustice et le déplaisir qu'ils m'avaient donné parce qu'il leur était utile de les aider à se faire justice à eux-mêmes en les guérissant de l'opinion qu'il était clair qu'ils avaient été offensés, qui leur faisait croire que c'était me faire assez de grâce de ne pas me témoigner leur colère par des effets plus signalés..... »

La bonne voie doit être semée de ronces et d'épines.

« C'est une des raisons, dit la mère Agnès à Jacqueline, qui me font avoir une grande joie que cela soit arrivé; et je ne voudrais pas, pour le double du bien, que vous n'eussiez eu cette épreuve avant votre profession, car vous n'aviez pas été assez éprouvée pendant votre noviciat.....

. . . .

» Vous ne songiez pas à vous défaire de cette affection et de cette estime que vous avez pour vos proches, parce qu'il ne vous y paraissait rien que d'innocent; et, en effet, tout cela était en soi fort permis et fort légitime. Cependant vous voyez que Dieu demande en vous plus de détachement, et c'est pour cela qu'il a voulu vous faire connaître quels sentiments ils ont pour vous.....

» Mais, croyez-moi, cela n'est pas bien rare,

car les personnes qui se donnent à Dieu font toutes choses dans la vie de Dieu avec franchise et sincérité, sans mélange d'intérêt. Mais ceux qui sont encore du monde ne peuvent s'empêcher d'avoir toujours quelque vue humaine dans les choses même les plus saintes.....

» Voyez-vous, ma sœur, quand une personne est hors du monde, on considère tous les plaisirs qu'on lui fait comme une chose perdue. Il n'y avait que deux motifs qui leur pussent faire agréer votre dessein : ou la charité, en entrant dans vos sentiments, ou l'amitié en voulant vous obliger. Or, vous saviez bien que celui qui a le plus d'intérêt dans cette affaire est encore trop du monde, et même dans la vanité et les amusements du monde, pour préférer les aumônes, que vous vouliez faire à sa commodité particulière, et de croire qu'il aurait assez d'amitié pour le faire à votre considération, c'était espérer une chose inouïe et impossible; cela ne pouvait se faire sans miracle, je dis un miracle de nature et d'affection, car il n'y avait pas lieu d'attendre un miracle de grâce en une personne comme lui; et vous savez bien qu'il ne faut jamais s'attendre au miracle..... »

C'est pour Blaise, on le comprend, que la mère Angélique marque si peu d'estime et tant de défiance.

« A peu de jours de là, celui de mes parents qui avait plus d'intérêt en cette affaire étant arrivé en cette ville, je tâchai de traiter avec lui suivant l'intention de notre mère; mais, quelque effort que je pusse faire, il me fut impossible de cacher entièrement la tristesse qui me restait encore, après toutes les peines qu'elle avait prises pour la faire cesser. Cela m'est si peu ordinaire qu'il s'en aperçut aussitôt, et il n'eut pas besoin d'interprète pour en apprendre la cause; car, encore que je lui fisse le meilleur visage que je pus, je m'assure qu'il jugea aisément que son procédé m'avait mise en cet état, et voulut néanmoins se plaindre le premier, et c'est alors que j'appris qu'ils se tenaient si offensés du mien; mais il ne continua guère, voyant que je ne faisais aucune plainte de mon côté, quoique d'ailleurs, je détruisisse par une seule parole toutes leurs raisons, et qu'au contraire je lui déclarais avec toute la gaieté que mon état présent le pouvait permettre, que, puisque la maison voulait bien me faire la charité de me recevoir gratuitement et que ma profession n'en serait point différée, je n'étais plus en peine de rien que de bien faire et d'attirer la grâce dont j'avais besoin pour être vraie religieuse.

» Si tout ce colloque était digne d'être recueilli, j'eusse pris peine à le retenir et je ne plaindrais nullement le temps que j'emploierais à l'écrire; mais, parce qu'il n'est pas entièrement, ni si beau ni si utile que le précédent, comme je m'assure que vous le croyez aisément, sans qu'il soit besoin que je l'affirme davantage, il vaut mieux le passer sous silence que de perdre du temps à vous ennuyer, et dire en un mot, qu'il fut touché de compassion et que, de son propre mouvement, il résolut de mettre ordre à cette affaire, s'offrant de prendre sur lui toutes les charges et les risques du bien, et de faire en son nom, pour la maison, ce qu'il voyait bien qu'on ne pouvait omettre avec justice. »

Le dénouement est imprévu. Lorsqu'elle n'attendait d'un homme du monde aucune générosité, la mère Angélique ne se trompait guère, mais Pascal n'était plus du monde. A charge à lui-même et déçu par le monde, il tournait vers Dieu toutes ses pensées; il ne voulait plus avoir parmi les hommes ni rang à garder ni bienséance à respecter.

Jacqueline, en prononçant ses vœux, prit le nom de sœur Sainte-Euphémie. Elle unissait à la sainteté qui touche les cœurs, à la conduite qui les édifie, une intolérance inflexible. La vie du monde était, pour elle, la vie éloignée de Dieu et de Jésus-Christ. Un chrétien ne doit mettre dans le monde aucune part d'espérance et de bonheur. Il fallait rendre Blaise à Dieu et réveiller sa foi endormie. Le monde, pour lui, n'était pas un refuge; il étudiait ses voies, et, comme le roi-prophète, n'en trouvait pas de meilleures que la loi de Dieu. Le Seigneur, disait-il, le poursuivait :

« Un jour de fête, étant allé, selon sa coutume, promener dans un carrosse à quatre ou six chevaux au pont de Neuilly, les deux premiers prirent le mors aux dents, à un endroit du pont où il n'y avait point de garde-fou, et se précipitèrent dans la rivière. Comme leurs rênes se rompirent, le carrosse demeura sur le bord. Cet accident fit prendre à M. Pascal la résolution de rompre ces promenades et de mener une vie plus retirée. Mais il était nécessaire que Dieu lui ôtât cet amour vain des sciences, auquel il était revenu; et ce fut pour cela, sans doute, qu'il lui fit avoir une vision dont il n'a jamais parlé à personne, si ce n'est peut-être à son confesseur. On n'en a eu connaissance qu'après sa mort, par un petit écrit de sa main qui fut trouvé sur lui [1].

1. Quelques jours après la mort de M. Paschal, un domestique sentit par hazard quelque chose d'épais et de dur dans sa veste. Ayant décousu cet endroit, il y trouva un petit parchemin plié écrit de la main de M. Paschal et dans ce parchemin un papier écrit de la même main. L'un étoit une copie fidèle de l'autre. Ces deux pièces furent aussitôt remises à madame Perier qui les fit voir à plusieurs de ses amis. Tous convinrent qu'on ne pouvoit douter que ce parchemin écrit avec tant de soin et avec des caractères remarquables, ne fût un mémorial qu'il gardoit très soigneusement pour conserver le souvenir d'une chose qu'il vouloit toujours avoir présente à ses yeux et à son esprit, puisque depuis huit ans il prenoit soin de le coudre et découdre à mesure qu'il changeoit d'habit. Quelque temps après la mort de madame Perier (qui arriva en 1687). M. Perier le fils et mesdemoiselles ses sœurs communiquèrent cette pièce à un Carme Déchaussé, qui étoit l'un de leurs

Voici ce qu'il contient et de quelle manière il est figuré. Il est seulement nécessaire d'observer qu'on a mis en caractères italiques ce que M. Pascal avait souligné.

L'an de Grâce 1654.
Lundi 23 novembre jour de S. Clément, Pape et Martyr, et autres au Martyrologe.

Veille de S. Chrysogone Martyr et autres. Depuis environ dix heures et demie du soir jusques environ minuit et demi.

— — — — — — FEU — — — — — — —

Dieu d'Abraham, Dieu d'Isaac, Dieu de Jacob.
    Non des Philosophes et des Savans.
Certitude, certitude, sentimens, vûe, joie, paix.
        Dieu de Jésus-Christ.
Deum meum et Deum vestrum. Jean X. 17.
    Ton Dieu sera mon Dieu. *Ruth.*

plus intimes amis et un homme très éclairé. Ce bon religieux la copia et voulut une explication qui a vingt et une pages *in folio* et qui ne contient presque que des conjectures qui se présentent d'abord à l'esprit de ceux qui lurent l'Ecrit de M. Pascal. Ce commentaire est dans la bibliothèque des Pères de l'Oratoire de Clermont. A l'égard de l'original de l'Ecrit de M. Paschal, il est à Paris dans celle des Bénédictins de S. Germain des Prez.

Oubli du monde et de tout hormis DIEU.

Il ne se trouve que par les voies enseignées par l'Évangile.

Grandeur de l'âme humaine.

Père juste, le monde ne t'a pas connu, mais je t'ai connu. Jean. 17.

Joie, joie, pleurs de joie.

Je m'en suis séparé.

Dereliquerunt me fontem aquæ vivæ.

Mon Dieu me quitterez-vous.

Que je n'en sois point séparé éternellement.

Cette est la vie éternelle, qu'ils te connoissent seul vrai Dieu et celui que tu as envoyé.

Jésus-Christ.

Jésus-Christ.

Jésus-Christ.

Je m'en suis séparé. Je l'ai fui, renoncé.

Crucifié.

Que je n'en sois jamais séparé.

Dieu ne se conserve que par les voies enseignées dans l'Évangile.

Réconciliation totale et douce.

Soumission totale à Jésus-Christ et à mon Directeur [1].

---

1. Ces deux lignes ne sont point dans le manuscrit du Carme, qui les a omises parce qu'elles ne sont point dans l'original en parchemin mais seulement dans celui qui est en papier, où elles sont si barbouillées que ce religieux n'a pu les lire. Dans la suite, quoiqu'on les devinât plutôt qu'on ne les lût, on les ajouta dans sa copie, et mademoiselle (*Marguerite*) Perier y joignit deux pages *in-quarto* de commentaire.

Eternellement en joie pour un jour d'exercice sur la terre.
Non obliviscar sermones tuos. Amen.

Quelques mois plus tard, Jacqueline triomphante voyait son frère ressusciter à la grâce.

Elle écrivait à Gilberte :

« Ma très chère sœur,

» Je ne sais si j'ai eu moins d'impatience de vous mander les nouvelles de la personne que vous savez, que vous d'en recevoir, et néanmoins il me semble que, n'ayant point de temps à perdre, je n'ai pas dû vous écrire plus tôt, de crainte qu'il ne fallût dédire ce que j'aurais trop tôt dit; mais, à présent, les choses sont au point qu'il faut pour les faire savoir, quelque succès qu'il plaise à Dieu d'y donner. Je croirais vous faire tort si je ne vous instruisais de l'histoire depuis le commencement.

» Quelque temps devant que je vous en adresse la première nouvelle, c'est-à-dire environ vers la fin de septembre dernier, il me vint voir et, à cette visite, il s'ouvrit à moi d'une manière qui me fit pitié, en avouant qu'au milieu de ses occupations, qui étaient grandes, et parmi toutes les choses qui pouvaient contribuer à lui faire aimer le monde, et auxquelles on avait raison de le croire fort attaché, il était de telle sorte sollicité à quitter tout cela : et par une aversion entière, qu'il avait des folies et des amusements du monde, et par le reproche continuel que lui faisait sa conscience, qu'il se trouvait détaché de toutes choses, d'une telle manière qu'il n'avait jamais été de la sorte, mais que, d'ailleurs, il était dans un si grand abandonnement du côté de Dieu, qu'il ne sentait aucun attrait, mais qu'il sentait bien que c'était la raison et son propre esprit qui l'excitaient à ce qu'il connaissait de meilleur, que non par le mouvement de celui de Dieu que dans le détachement de toutes choses où il se trouvait; s'il avait les mêmes sentiments de Dieu qu'autrefois, il se croyait en état de pouvoir tout entreprendre, et qu'il fallait qu'il eût en ces temps-là d'horribles attaches pour résister aux grâces que Dieu lui faisait et aux mouvements qu'il lui donnait.

Cette confession me surprit autant qu'elle me donna de joie. Dès lors je conçus des espérances que je n'avais jamais eues, et je crus vous en devoir mander quelque chose afin de vous obliger à prier Dieu ; et si je racontais toutes les autres visites aussi en particulier, il faudrait faire un volume, car, depuis ce temps, elles furent si fréquentes et si longues que je pensais n'avoir plus d'autre ouvrage à faire. Je ne faisais que le suivre sans user d'aucune sorte de persécution, et je le voyais peu à peu croître de telle sorte que je ne le connaissais plus. (Je crois que vous en ferez autant que moi si Dieu continue son ouvrage.) Particulièrement en honnêteté, en soumission, en défiance, en dépit de soi-même et en désir d'être anéanti dans l'estime et la mémoire des hommes, voilà ce qu'il est à cette heure ; il n'y a que Dieu qui sache ce qu'il sera un jour. »

Les flots avaient agité Pascal sans l'engloutir. Le hasard, deux siècles plus tard, a traduit le cri de joie de Jacqueline. Au pied de la statue élevée à Pascal dans la tour Saint-Jacques-la-Boucherie, la Ville de Paris, sans songer certainement aux angoisses de Jacqueline, a inscrit sa propre devise qui aurait pu, à ce moment, être celle de Pascal :

Fluctuat nec mergitur.

Avant d'annoncer la bonne nouvelle à Gilberte, Jacqueline usait envers Blaise, sans ménagement et sans faiblesse, de l'autorité que M. Singlin lui avait donnée. Elle lui écrivait :

« Mon très cher frère,

» J'ai autant de joie de vous trouver gai dans la solitude que j'avais de douleur quand vous étiez dans le monde. Je ne sais comment M. de Sacy s'accommode d'un pénitent si réjoui et qui prétend satisfaire aux vaines joies et aux divertissements du monde par des joies un peu plus raisonnables et par des jeux d'esprit plus permis, au lieu de les expier par des larmes continuelles. Pour moi, je trouve que c'est une pénitence bien douce, il n'y a guère de gens qui n'en voulussent faire autant.....

. . . .

» Je loue l'impatience que vous avez d'abandonner tout ce qui a encore quelque apparence de grandeur, mais je m'étonne que Dieu vous ait fait cette grâce, car il me paraît que vous avez mérité, en bien des manières, d'être encore quelque temps importuné de la senteur du bourbier que vous aviez embrassé avec tant d'empressement, et il me semble qu'il était bien juste que tout ce qui peut encore ressentir le monde dans le désert, vous retint captif après avoir eu tant d'éloignement de ce qui pouvait vous en délivrer. Mais Dieu a voulu faire voir en cette rencontre que sa miséricorde surpasse toutes ses autres œuvres. Je le supplie de la continuer sur vous, en vous faisant profiter des talents qu'il vous a donnés. Il en faut dire de même de la cuillère de bois et de la vaisselle de terre dont vous me parlez. C'est l'or et les pierres précieuses du christianisme. Il n'y a que les princes qui en doivent avoir à leur table, il faut être vraiment pauvre pour mériter cet honneur qui doit être absolument dénié à ceux qui sont roturiers, selon M. Renté. »

Pascal, rompant tous les liens à la fois, accepta si bien la vie cachée, qu'on le crut devenu moine ou ermite.

Il ne s'en souciait guère. C'est au ciel seulement qu'il regardait l'avenir. Tourmenté depuis longtemps de l'infini, c'est en Dieu qu'il veut se reposer. C'est lui qu'il cherche en gémissant.

Huygens, à cette époque, demandait des nouvelles de Pascal. On lui répondit :

« Quoiqu'il soit difficile d'aborder M. Pascal, et qu'il soit tout à fait retiré pour se donner entièrement à la dévotion, il n'a pas perdu de vue les mathématiques. Lorsque M. de Carcavy le peut rencontrer et lui propose quelque question, il ne lui en refuse pas la solution, et principalement dans la théorie des jeux du hasard, qu'il a le premier mise sur le tapis. N'étant pas si bon que ces deux messieurs, j'ai toutes les peines du monde à les voir, car leurs habitudes sont dans les religions et dans les affaires et je ne visite ces lieux que fort rarement. »

En dehors de la mort, du ciel et du salut, Pascal, méprisant tout ce qui passe, ne voyait que misère et folie. Dans ce sentier étroit qu'il ne voulait pas élargir, on ne peut marcher qu'un à un. Chacun songe à soi. L'abandonnement est complet. Pascal ne voulait pas être aimé, à quoi bon? On mourra seul, chacun doit faire comme s'il était seul; morte ou vivante, la créature exclut Dieu. Pascal ne vivait plus que par la foi.

La fortune de Pascal était petite, ses deux sœurs nous l'ont formellement appris.

« Son amour pour la pauvreté, dit Gilberte, le portait à aimer les pauvres avec tant de tendresse, qu'il n'avait jamais refusé l'aumône, quoi qu'il n'en fît que de son nécessaire, ayant peu de bien et étant obligé de faire une dépense qui excédait ses revenus, à cause de ses infirmités. »

En dépit d'une déclaration si formelle, l'histoire de l'accident du pont de Neuilly a fait croire cependant que Pascal était riche. Le carrosse de Pascal était à quatre ou à six chevaux ! La pauvreté permet-elle tant de faste?

L'argument prouverait trop. Le carrosse, très probablement, ne lui appartenait pas. Son ami, le duc de Roannez, qui ne pouvait se passer de lui, l'associait sans doute à ses promenades. Pascal d'ailleurs, à cette époque, vivait dans le monde et sa conduite alarmait Jacqueline. On sait qu'alors il était joueur; il n'est pas impossible qu'il fût prodigue. Peut-être a-t-il fait quelques dettes, et ce serait pour les payer que Jacqueline, quelques semaines après la mort de son père, c'est-à-dire aussitôt qu'elle en eut le droit, fit don à son frère Blaise de toute sa fortune mobilière.

La donation fut faite en trois fois. On pourrait l'expliquer par les instances croissantes des créanciers.

La dernière maison que Pascal a habitée, rue Saint-Étienne-du-Mont, existait encore il y a cinquante ans. Jamais elle n'a été la demeure d'un homme riche.

Pascal lisait assidûment l'Écriture, et ne lisait qu'elle; il avait renoncé au monde et aux livres qui parlent du monde. Le sacrifice n'était pas grand. Les livres, pour Pascal, eurent toujours peu d'attrait. Géomètre, il suivait son génie; physicien, il consultait la nature; chrétien, la parole de Dieu. Les *Lettres provinciales* seules, parmi ses écrits, font paraître de l'érudition, ce n'est pas la sienne. Ses amis préparaient pour lui les matériaux, il les mettait en œuvre pour eux. Jamais Pascal n'eut de bibliothèque.

On raconte, d'après une tradition très vraisemblable, que le Père Thomassin de l'Oratoire, après une longue conversation avec Pascal, disait : « Voilà un jeune homme qui a bien de l'esprit, mais qui est bien ignorant! » Pascal, de son côté, jugeait ainsi son interlocuteur : « Voilà un bonhomme qui est terriblement savant, mais qui n'a guère d'esprit! »

Pascal, sans rien regretter, changeait de cabinet de travail; faisant à Port-Royal de fréquentes retraites, s'installant chez M. de Roannez, acceptant près de la porte Saint-Michel, l'hospitalité d'un ami absent, il se cachait dans une auberge pour y écrire les *Provinciales*, et dans les derniers mois de sa vie enfin, il abandonnait son appartement à un pauvre qu'il y avait recueilli et dont la maladie contagieuse effrayait, non pour elle, mais pour ses enfants, la vaillante et bonne Gilberte.

Lorsque Pascal fuyait le commerce des hommes, les livres n'étaient pas son refuge; il se séparait d'eux sans regret et sans embarras.

La mort, aux yeux de Pascal, était un bonheur. Lorsque Jacqueline, plus intraitable que ses directeurs de conscience, agitant la dernière l'étendard de la rébellion contre Rome, se soumit enfin, signa le formulaire et mourut de chagrin, Pascal, en perdant sa sœur tant aimée et si digne de l'être, la compagne de son enfance, la confidente de ses rêves de perfection, la garde vigilante et émue de ses nuits de souffrance, le soutien de ses progrès dans la foi, la noble créature avec laquelle, uni par la grâce plus encore que par le sang, il ne voulait faire qu'un corps et qu'une âme, celle qui, dans sa tendresse pour lui, aimait à se dire sa fille spirituelle, il s'écria, sans effort sur lui-même, sans étonnement et sans tristesse : « Dieu nous fasse la grâce d'aussi bien mourir! » Et si, comme c'était sa coutume, sa mémoire, remplie de l'Écriture, a voulu consoler le deuil de la famille par un souvenir des saintes lettres, c'est dans la bouche de Jacqueline, heureuse et délivrée du fardeau de son corps périssable, qu'il aura placé ces paroles :

Nolite flere super me sed flete super vos.

Pascal ne vivait plus que de la foi. Il n'aimait plus qu'en Dieu son admirable sœur et, pour n'aimer aussi qu'en Dieu la douce et aimante Gilberte, il lui déchirait le cœur par la dureté de son accueil.

Pascal écrivait :

« Il est injuste que l'on s'attache à moi, quoiqu'on le fasse avec plaisir et volontairement. Je tromperais ceux à qui j'en ferais naître le désir, car je ne suis la fin de personne et n'ai pas de quoi les satisfaire. Ne suis-je pas prêt à mourir? Et ainsi l'objet de leur attachement mourra donc. Comme je serais coupable de faire croire une fausseté, quoique je la persuadasse doucement et qu'on la crût avec plaisir, et qu'en cela on me fît plaisir, de même je suis coupable de me faire aimer. »

Pascal, en défendant les *Lettres provinciales* contre des adversaires trop faciles à scandaliser, approuve que, sur les matières les plus graves, on cherche l'occasion de sourire. Ainsi ferons-nous, en donnant, par un document authentique, une idée de l'exaltation morale dans laquelle l'entretenaient ses amis. C'est une lettre écrite à sa sœur, madame Perier, sur un projet de mariage très avantageux pour sa fille; Pascal transmet, en l'approuvant et la faisant sienne, l'opinion des meilleures têtes de Port-Royal.

« Ces messieurs pensent : Que ne sachant à quoi la jeune fille devait être appelée, ni si son tempérament ne sera pas si tranquillisé qu'elle puisse supporter avec piété la virginité, c'était bien peu en connaître le prix que de l'engager à perdre ce bien si souhaitable pour chaque personne à soi-même, et si souhaitable aux pères et aux mères pour leurs enfants, parce qu'ils ne le peuvent plus désirer pour eux. »

L'idée de faire racheter aux parents par la virginité de leurs enfants celle qu'ils ont eu le malheur de perdre pour eux, serait digne de figurer parmi les imaginations étranges, il va jusqu'à dire grotesques, dont Pascal maintient le droit d'amuser ses lecteurs.

L'étrange décision dictée par les trop sages messieurs de Port-Royal avait sans aucun doute reçu l'approbation de la mère Angélique; elle était conforme à ses principes.

Consultée quelque temps avant par son neveu M. Le Maître, qui, lui aussi, avait eu le désir de se marier, elle lui répondit de telle sorte que l'illustre avocat, chez qui Dieu n'avait pas encore brisé les cèdres du Liban, resta quelques semaines avant de lui écrire :

« La première page de votre lettre m'a piqué si vivement que j'ai été plus de quinze jours à la lire, ne trouvant point de ligne qui ne m'arrêtât et ne me parût injurieuse. Je vous confesse que l'appréhension de trouver dans les pages suivantes de nouveaux sujets de déplaisir m'a fait résoudre à ne pas les lire. Les bornes que j'ai mises à ma lecture en ont mis aussi à ma douleur et, ne pouvant diminuer la grandeur de vos injures, j'ai voulu en diminuer le nombre. Je ne lirai le reste qu'après que vous m'aurez assuré qu'il est moins aigre que le commencement. »

A Port-Royal la vertu n'avait rien d'affable. Une note anonyme, conservée dans la bibliothèque des Pères de l'Oratoire de Clermont, n'explique pas moins les blessures faites au cœur de Gilberte.

M. Pascal, dit cette note, avait des adresses merveilleuses pour cacher sa vertu, en sorte qu'un homme dit un jour à M. Arnoul, qu'il semblait que M. Pascal était toujours en colère et qu'il voulait jurer. Ce qui est plaisant, ajoute le manuscrit, mais ne serait pas bon à écrire.

Pascal n'avait ni le désir ni l'art d'agréer, c'est-à-dire de se faire aimer; franc envers lui-même, comme envers tous, il écrivait :

« La manière d'agréer est bien, sans comparaison, plus difficile, plus subtile, plus utile et plus admirable que l'art de démontrer; aussi, si je n'en traite pas, c'est parce que je n'en suis pas capable, et je m'y sens tellement disproportionné que je crois la chose absolument impossible. Ce n'est pas que je ne croie qu'il y a des règles aussi sûres pour plaire que pour démontrer, et que, qui les saurait parfaitement connaître et pratiquer, ne réussit aussi sûrement à se faire aimer des rois et de toutes sortes de personnes, qu'à démontrer les éléments de la géométrie. Mais j'estime, et c'est peut-être ma faiblesse qui me le fait croire, qu'il est impossible d'y arriver. »

Pascal n'y songe pas!

« Si j'acquiers ce grand art admirable et utile, et qu'en présence d'un roi, par exemple, je veuille l'exercer, deux pensées se présenteront à mon esprit : celle qui m'est dictée par l'art de plaire et celle que j'ai réellement; en exprimant la seconde, on est maladroit; hypocrite, en choisissant la première. Tout roi n'est pas un sot. Si la difficulté vaincue mesurait le mérite, rien ne serait plus admirable qu'un hypocrite. Le moindre esprit de finesse suffit pour pénétrer l'arrière-pensée du plus habile. »

Le cercle est vicieux. Chercher à plaire à

ceux qui ne nous plaisent pas est une entreprise impossible, non faute d'habileté, mais par raison plus haute. S'obstiner, dans ce cas, est un moyen sûr pour tout perdre. Le grand art dont parle Pascal est peut-être de les fuir.

Jamais la piété inquiète et craintive de Pascal ne lui donna, comme elle fait pour les saints, dans l'attente de sa récompense, un avant-goût des joies éternelles. Il ne se prosternait qu'avec tremblement devant cet être universel qui pouvait, malgré son baptême et le sang de Jésus-Christ, le punir du péché d'Adam et le perdre sans injustice.

Pascal ne voulait pas être servi; il disait, c'était une illusion, que s'il n'eût été malade lui-même, il aurait servi les pauvres. Il faisait son lit, allait chercher son dîner à la cuisine et y reportait les restes quand ils en valaient la peine, si non, on trouvait plus simple alors de les jeter sous la table. A Port-Royal, où la propreté était un demi-péché, on l'engageait à l'éviter un peu moins. La sœur Sainte-Euphémie, dans cette terre de bénédiction tant désirée de Port-Royal, cédait encore parfois à son aimable humeur, pour tempérer avec enjouement la gravité d'une piété trop austère. Elle écrivait à son frère :

« On m'a congratulée sur la grande ferveur qui vous élève si fort au-dessus de toutes les manières communes que vous mettez les balais au rang des meubles superflus. Il est nécessaire que vous soyez, au moins durant quelques mois, aussi propre que vous êtes sale, afin qu'on voie que vous réussissez aussi bien dans l'humble diligence et vigilance sur la personne qui vous sert, que dans l'humble négligence de ce qui vous touche. Et, après cela il vous sera glorieux et édifiant aux autres, de vous voir dans l'ordure, s'il est vrai toutefois, que ce soit le plus parfait, dont je doute beaucoup, parce que saint Bernard n'était pas de ce sentiment. »

Pascal avait la foi, l'espérance lui a manqué, et la terreur imposait la charité à son esprit, sans échauffer son cœur. L'énigme de la destinée humaine le tourmente et le dégoûte de tout.

« La philosophie est un piège, la science une vaine curiosité, la gloire une tentation du démon. »

Trois fois, cependant, pendant sa longue attente de la mort, il n'a pu retenir la lumière qu'il voulait cacher, et les échos de la renommée en célèbrent encore l'éclat.

Le grand Arnauld, accusé d'hérésie et traduit devant la Sorbonne, se laissait juger sans s'émouvoir. En acceptant la lutte, il comptait sur la victoire. Sa condamnation, certaine à l'avance, ne lui était rien.

Docile au désir des solitaires de Port-Royal, Pascal osa, pour servir leur cause, braver l'admiration de tous et révéler le vain talent de bien dire, qu'il aurait voulu mépriser.

Arnauld lui-même avait soumis à ces messieurs sa défense en latin, c'était la *dissertatio quadripartita*. On la trouva de difficile lecture. Pascal était présent.

« Pourquoi, lui dit Arnauld, vous qui êtes jeune, ne prendriez-vous pas la plume? »

Pascal, dans les *Lettres provinciales*, livre

passage, par obéissance, aux sentiments qu'il refoulait dans son cœur.

Dédaigneux et superbe par nature, il pouvait lancer sans effort ses premières lettres, alertes et piquantes comme des flèches, faire étinceler les dernières, tranchantes comme des épées.

Pascal proposait aux graves messieurs de Port-Royal un projet ébauché qu'ils sauraient polir et parfaire.

Surpris un moment par ce tour enjoué, si nouveau pour eux, ils se déridèrent et déclarèrent tout d'une voix la première lettre achevée et parfaite.

« Cela est excellent, dit M. Arnauld, cela sera goûté. »

L'applaudissement fut unanime et la vogue inouïe. Les adversaires, hommes d'étude et de goût, quoique plus spirituels en latin qu'en français, admiraient malgré leur colère, des coups aussi bien portés. Pascal lui-même, sensible, non sans quelques remords, à la délectation des louanges, se rassasiait du plaisir, connu dès son enfance, d'exceller au-dessus des autres. On peut dompter l'orgueil, on ne le tue jamais.

Saint-Cyran, le grand inspirateur de Port-Royal l'a écrit :

« Quand on a réussi à ruiner dans l'âme la cupidité des richesses, des honneurs et des plaisirs du monde, il s'élève dans l'âme, de cette ruine, d'autres honneurs, d'autres richesses et d'autres plaisirs qui ne sont pas du monde visible mais de l'invisible. Cela est épouvantable qu'après avoir ruiné en nous le monde visible, avec toutes ses appartenances, il en naisse à l'instant un autre invisible, plus difficile à ruiner que le premier. »

« Je n'aurais jamais soupçonné, dit Tallemant des Réaux, que les *Provinciales* fussent de Pascal, car les mathématiques et les lettres ne vont guère ensemble. »

Les mathématiques ne gâtent et ne repoussent rien.

« Cette science seule, a dit Pascal, sait les véritables règles du raisonnement et, sans s'arrêter aux règles du syllogisme, qui sont tellement naturelles qu'on ne peut les ignorer, s'arrête et se fonde sur la véritable méthode de traduire le raisonnement en toutes choses et que presque tout le monde ignore, et qu'il est si avantageux de savoir que nous voyons par expérience, qu'entre esprits égaux et toutes choses pareilles, celui qui a de la géométrie l'emporte et acquiert une vigueur toute nouvelle. »

C'est toutes choses pareilles, il serait absurde de l'oublier, que la géométrie fait pencher la balance; elle ne sert que d'appoint.

Pascal, traitant la science d'amusement inutile, faisait effort pour la mépriser; elle s'imposait quelquefois et le captivait. Un jour, désarmé par la souffrance et par l'insomnie, il suivit à regret l'essor de ses pensées vers la solution de problèmes difficiles, rendus célèbres par son attention.

Un tel souvenir ne peut s'éteindre. Les progrès de la science auraient effacé, sans lui, tout l'intérêt des résultats obtenus.

Pascal n'étudiait pas; il inventait. Il dirigea son esprit vers la cycloïde, courbe que les anciens n'ont pas connue. D'élégantes et difficiles recherches, dont l'idée première appartient à Galilée, avaient commencé, parmi les géomètres contemporains, une célébrité qui devait s'accroître. La politesse de l'esprit était en honneur à Port-Royal ; on s'y piquait de science presque autant que de vertu.

Heureux de voir l'éminence du talent et la puissance d'invention, associées aux ardeurs de la foi, et oubliant que la gloire corrompt toutes les vertus, on proposa à l'émulation des savants la solution de ces difficiles problèmes, en promettant au vainqueur un *prix de quarante pistoles*.

Vingt pistoles furent, de plus, réservées à celui qui aurait le plus approché. Les savants alors aimaient ce genre de luttes.

Le défi, quoique anonyme, émut le monde mathématique ; les plus illustres géomètres envoyèrent des essais : deux seulement concoururent, sans mériter le prix.

Une complaisance trop grande pour ses propres ouvrages était, aux yeux de Pascal, le plus dangereux des pièges tendus à l'orgueil.

« Ne pensez-vous pas — dit dans les *Provin-*

ciales, le Père jésuite chargé de révéler naïvement les décisions qu'on veut flétrir — ne pensez-vous pas que la bonne opinion de soi-même et la complaisance qu'on a pour ses ouvrages est un péché des plus dangereux? Et ne seriez-vous pas bien surpris si je vous fais voir qu'encore même que cette bonne opinion soit sans fondement, c'est si peu un péché des plus dangereux que c'est au contraire un don de Dieu?

» — Est-il possible, mon Père?

» — Oui, dit-il, et c'est ce que nous a appris notre grand-père Garasse, dans son livre français intitulé: *Somme des vérités capitales de la religion :*

« C'est un effet, dit-il, de la justice divine,
» que tout travail honnête soit récompensé ou de
» louange ou de satisfaction... Quand les bons
» esprits font un ouvrage excellent, ils sont justement récompensés par les louanges publiques, mais quand un pauvre esprit travaille
» beaucoup pour ne rien faire qui vaille, et qu'il
» ne peut ainsi obtenir des louanges publiques,
» afin que son travail ne demeure pas sans
» récompense, Dieu lui en donne une satisfac-

» tion personnelle, qu'on ne peut lui envier
» sans une injustice plus que barbare. C'est ainsi
» que Dieu, qui est juste, donne aux grenouilles
» de la satisfaction de leur chant. »

» — Voilà, lui dis-je, de belles décisions en faveur de la vanité. »

Le prix ne fut pas décerné. La décision était juste, mais sévèrement motivée. L'un des concurrents, Wallis, géomètre illustre, osa réclamer. Pascal appliqua sa maxime : « S'il se vante, je l'abaisse », il répondit par de cruels sarcasmes.

Pascal, dans la polémique, est dur et querelleur. Il se tient volontiers à l'écart, mais quand il entre en lice, il devient sans mesure et terrible.

Le miracle de la Sainte-Épine vint redoubler le zèle de Pascal :

« Ce miracle, dit Arnauld d'Andilly, le frère du grand Arnauld, était comme la voix du ciel par laquelle Dieu se déclarait en faveur de l'innocence de ces bonnes religieuses. Il consola leurs âmes et étonna leurs ennemis. »

Jacqueline écrit à sa sœur le 25 mars 1656 :

« Voilà une bonne nouvelle... mais j'en ai encore une autre qui n'est pas en effet meilleure, mais elle est plus étonnante. »

La première nouvelle, qu'on appellerait volontiers la meilleure, est la première et bonne communion de Jacqueline Perier, la plus jeune des filles de Gilberte; la seconde, qui ne semble pas meilleure à la piété de la sœur Sainte-Euphémie, est la guérison de son autre nièce, atteinte d'un mal horrible et regardé jusque-là comme incurable.

Jacqueline ne pouvait pas plus se déprendre de la poésie que Blaise des mathématiques.

Pendant sa retraite à Clermont, dans la maison de sa sœur Gilberte, elle aimait à tourner vers les sujets religieux ses inspirations poétiques, quoique la mère Angélique lui conseillât de renoncer à ce talent dont Dieu ne lui demanderait pas compte. Le miracle de la Sainte-Épine semblait une avance à sa muse.

La pièce qu'elle lui dicta est la plus longue et la plus faible de ses compositions.

On y lit :

> Une enflure apparente, à l'entour de son œil
> Commençant au-dessous, atteignit la paupière
> Et son âpre douleur s'opposant au sommeil
> La laissait sans dormir, presque la nuit entière.
> Que si, pour lui donner quelque soulagement,
> On pressait la tumeur quelque peu seulement
> Il sortait trois ruisseaux de cette source impure
> Le visage en dehors se trouvait tout gâté
> Et même le dedans en était infecté
> Ce mal, en l'os pourri, s'étant fait ouverture.

Ni le temps ni les conseils de Corneille, n'ont grandi le talent précoce de la petite Jacqueline.

La première édition des *Provinciales* sous forme de livre, celle de 1657, imprimée à Cologne, est précédée d'un rondeau supprimé dans les éditions modernes. On n'en a jamais dit l'auteur. Pourquoi ne serait-il pas de Jacqueline? L'hypothèse est plausible. Les vers sont dignes d'elle :

> Retirez-vous péchés, l'adresse sans seconde
> De la troupe fameuse, en escobards féconde,
> Nous laisse vos douceurs sans le mortel venin;
> On les goûte sans crime et ce nouveau chemin
> Mène sans peine au Ciel dans une paix profonde.
> L'Enfer y perd ses droits et, si le diable en gronde,
> On n'aura qu'à lui dire : Allez, esprit immonde
> De par Bauny, Sanchez, Castro Gans, Tambourin
>   Retirez-vous!

Mais ô Pères flatteurs, sot qui sur vous se fonde
Car l'auteur inconnu qui, par lettres, vous fronde
De votre politique a découvert la fin
On en est revenu ; cherchez un nouveau monde
          Retirez-vous !

Le miracle à Port-Royal n'était mis en doute par personne. Chacun le commentait à sa manière : les uns s'en glorifiaient, les autres y puisaient un motif de résignation. M. de Sacy disait ingénieusement.

« C'est une épine qui a fait ce miracle, ce qui nous apprend que nous ne devons point murmurer de tout ce qui pourra nous arriver, quoique ceux qui nous déchirent n'aient ni droit ni autorité légitime pour le faire. S'il plaisait à Dieu de nous apprendre à bien souffrir par ce miracle, je croirais que nous serions plus heureux que s'il nous délivrait de toutes nos persécutions. »

De nombreux et irréprochables témoins ont répété avec la ferveur des saints : *Quod vidimus testamur.*

La guérison de Marguerite Perier est incontestable. Est-elle miraculeuse ? Cela, pour Pascal, ne faisait aucun doute. Guy Patin, peu curieux des détails d'un miracle, refuse sa confiance aux confrères qui l'attestent :

« Ceux du Port-Royal ont ici fait publier un miracle qui est arrivé en leur maison, d'une fille de onze ans qui était là dedans pensionnaire, laquelle a été guérie d'une fistule lacrimale. Quatre de nos médecins y ont signé, savoir le bonhomme Bouvard, Hamon, leur médecin, et les deux gazettiers; ils attribuent le miracle à un reliquaire, dans lequel il y a une partie de l'épine qui était à la couronne de Notre-Seigneur, qui a été appliquée sur son œil. Je pense que vous savez bien que ces gens-là qu'on appelle de Port-Royal, tant des champs que de la ville, sont ceux que l'on appelle autrement des jansénistes, les chers et précieux ennemis des loyolistes, lesquels, voyant que ce miracle leur faisait ombre, ont écrit, pour s'y opposer, *un Rabat-joie du miracle nouveau de Port-Royal*, où il est dit qu'ils n'ont rien fait qui vaille; mais surtout, je m'étonne comment ils n'ont rien dit contre les approbateurs du miracle, *qui non carent suis nervis*. Le bonhomme Bouvard est si vieux que, *parum abest a delirio senili.* Hamon est le médecin ordinaire et domestique de Port-Royal-des-Champs, *ideoque recusandus tanquam suspectus*; les deux autres ne valurent jamais rien, et même l'aîné des deux est le médecin ordinaire de Port-Royal de Paris qui est dans le faubourg royal Saint-Jacques. *Imo ne quid deesse videatur ad insaniam seculi*, il y a cinq chirurgiens-barbiers qui ont signé le miracle. Ne voilà-t-il pas des gens bien capables d'attester de ce qui peut arriver *supra vires naturæ?* Des laquais revêtus et bottés, et qui n'ont jamais étudié! Quelques-uns m'en ont demandé mon avis. J'ai répondu que c'était un miracle que Dieu avait permis d'être fait au Port-Royal, pour consoler les pauvres bonnes gens, qu'on appelle des jansénistes, qui ont été depuis trois ans persécutés par le pape, les jésuites, la Sorbonne, et de la plupart des députés du clergé, *ut faverent Loyolitis*; et aussi pour abaisser l'orgueil des jésuites, qui sont fort insolents et impudents, à cause de quelque crédit qu'ils ont à la cour. »

Tandis que les murs de Port-Royal retentissaient de cantiques d'actions de grâces, Pascal se crut appelé à louer Dieu à sa manière. C'est au miracle de la Sainte-Épine qu'il fait dans sa lettre XVI une allusion rapide, comprise alors de ses cent mille lecteurs et qui doit être soulignée aujourd'hui.

Il s'écrie dans un élan d'éloquence émue :

« Vous calomniez celles qui n'ont point d'oreilles pour vous ouïr ni de bouche pour vous répondre. Mais Jésus-Christ, en qui elles sont cachées pour ne paraître qu'un jour avec lui, vous écoute et répond pour elles. On l'entend aujourd'hui cette voix sainte et terrible, qui étonne la nature et qui console l'Église, et je crains, mes Pères, que ceux qui endurcissent leurs cœurs et qui refusent avec opiniâtreté de l'ouïr quand il parle en Dieu, ne soient forcés de l'ouïr avec effroi, quand il parlera en juge. »

Pascal voulut faire plus encore. Soutenu par la reconnaissance d'une faveur si marquée, il se souvint que Dieu ordonne le travail et que l'oisiveté est un désordre. Pascal résolut de consacrer ce qui lui restait de forces, non à éclairer les aveugles, mais à sonner le tocsin d'alarme pour rappeler ceux qui s'égarent, et les soumettre en les effrayant. Telle est l'origine des fragments tant admirés sous le nom de : *Pensées de Pascal.*

Le temps est court, a dit l'apôtre, l'œuvre est restée interrompue, la mort a arrêté brusquement les inspirations du grand esprit, qui, sur toutes choses, laissait rayonner son âme. Les yeux toujours tournés vers la misère de l'homme et gémissant sur l'irréparable chute, cherchant à disposer la volonté beaucoup plus qu'à convaincre l'esprit, Pascal croit enseigner la seule voie du salut. Si, constant dans sa foi, il n'a pas connu les tourments du doute, les étreintes de la souffrance morale l'ont torturé sans relâche. Son esprit éperdu tremble devant l'éternité. Rien ne l'assurait du salut. Dieu ne doit rien aux hommes et ne peut rien leur devoir. Pour la race d'Adam, éternellement condamnée, sa sévérité est justice.

Il ressemble, dans ses aspirations désespérées, à un plaideur qui, croyant sa cause bonne, mais incertain pourtant et inquiet, attend avec anxiété, et voudrait hâter à tout prix le jugement que pourtant il redoute.

Lorsque Pascal écrivait d'une main mourante :

« Un homme dans un cachot et sachant que son arrêt est donné, n'ayant plus qu'une heure pour l'apprendre, cette heure suffirait, s'il sait qu'il est donné, pour le faire révoquer; il est contre nature qu'il emploie cette heure-là, non à s'informer si l'arrêt est donné, mais à jouer au piquet. »

Cet homme, c'est Pascal lui-même : le cachot qui l'enferme et qu'il ne peut briser, la comparaison lui est familière, c'est l'univers.

LES PROVINCIALES

Les lecteurs du xviie siècle étaient familiers de longue date avec le problème de la grâce. Il faut en instruire ceux d'aujourd'hui. La destinée humaine et les conséquences du péché originel sont le terrain, sinon le sujet, de la lutte racontée au début des *Lettres provinciales* dans un style qu'Aristote approuve sous le nom d'Eutrapélie et que condamne saint Paul.

Le mot Eutrapélie a disparu de nos dictionnaires; celui de Trévoux le définit ainsi :

EUTRAPÉLIE. — Manières gaies, agréables, ingénieuses, affables; façon d'agir plaisante, facétieuse, qui plaît. Le mot ne se dit guère qu'entre savants. Il est grec.

Ce mot grec qui reste français définit mieux qu'aucun autre le style des *Lettres provinciales*. Pascal use du droit de faire rire en traitant des sujets sérieux. A ceux qui trouvent en telle matière la plaisanterie hors de sa place, il répond :

« En vérité, mes Pères, il y a bien de la différence entre rire de la religion et rire de ceux qui la profanent par leurs opinions extravagantes. Ce serait une impiété de manquer de respect pour les vérités que l'esprit de Dieu a révélées, mais ce serait une autre impiété de manquer de mépris pour les faussetés que l'esprit de l'homme leur oppose. Car, mes Pères, puisque vous m'obligez d'entrer en ce discours, je vous prie de considérer, que comme les vérités chrétiennes sont dignes d'amour et de respect, les crimes qui leur sont contraires sont dignes de mépris et de haine, parce qu'il y a deux choses dans les vérités de notre religion : une beauté divine, qui les rend aimables, et une sainte majesté, qui les rend vénérables; et qu'il y a aussi deux choses dans les erreurs : l'impiété, qui les rend horribles, et l'impertinence, qui les rend ridicules ; c'est pourquoi, comme les saints ont toujours eu pour la vérité ces deux sentiments d'amour et de crainte, et que leur sagesse est toute comprise entre la crainte, qui en est le principe, et l'amour, qui en est la fin, les saints ont aussi pour l'erreur deux sentiments de haine et de mépris, et leur zèle s'emploie également à repousser avec force la malice des impies, et à confondre avec risée leur égarement et leur folie. »

L'ironie chez Pascal est une arme terrible qu'il manie en grand maître.

« Ne prétendez donc pas, mes Pères, ajoute-t-il, de faire croire au monde que ce soit une chose indigne d'un chrétien de traiter les erreurs avec moquerie, puisqu'il est aisé de faire connaître à ceux qui ne le sauraient pas que cette pratique est juste, qu'elle est commune aux Pères de l'Église, et qu'elle est autorisée par l'Écriture, par l'exemple des plus grands saints, et de Dieu même, car ne voyons-nous pas que Dieu hait et méprise les pécheurs tout ensemble, jusque-là même qu'à l'heure de la mort, qui est le temps où leur état est le plus déplorable et le plus triste, la sagesse divine joindra la moquerie et la risée à la vengeance et à la fureur qui les condamnera à des supplices éternels. *In interitu vestro ridebo et subsanabo.* Et les saints, agissant dans le même esprit, en useront de même, puisque, selon David, quand ils verront la punition des méchants, ils en trembleront et en riront en même temps. *Videbunt justi et timebunt et super eum ridebunt*; et Job en parle de même : *Innocens subsanabit eos.* Vous, voyez, mes Pères, dit-il pour conclure, que la moquerie est quelquefois plus propre à faire revenir les hommes de leurs égarements et quelle est alors une action de justice. »

Pascal, on le comprend, n'a commis, au début de la polémique, ni la maladresse de se défendre ni celle de montrer ses armes avant le combat.

Le vrai comique est sérieux ou feint de l'être.

Voltaire a pu dire :

> ... Vous avez bien la mine
> D'aller un jour échauffer la cuisine
> De Lucifer, et moi prédestiné
> Je rirai bien quand vous serez damné.

Pascal doit à ses adversaires plus de charité; mais, puisque Dieu lui-même a dit :

> *In interitu vestro ridebo et subsanabo,*

l'ironie lui paraît permise.

Un homme du monde, dans les quatre premières lettres, s'informe avec curiosité de ces questions que tout le monde avait alors désir et croyait avoir, pour son salut, intérêt à comprendre. Il consulte des docteurs d'opinions diverses, et rapporte leurs réponses avec tant de naïveté et de clarté, que sans devenir grand clerc, on prend plaisir à ces matières graves et profondes.

En le lisant on croit tout facile; car, si Pascal excelle à mettre les nuances en lumière, il n'est pas moins habile à cacher les ombres. Pour les théologiens, l'argumentation est simplifiée; les textes font preuve : un mot d'Ézéchiel, un verset de saint Paul, une maxime de saint Augustin, un syllogisme de saint Thomas, une décision du concile de Trente, sont proposés comme des vérités, interprétés quelquefois avec hardiesse, toujours acceptés avec respect. Pour imposer la certitude entière des propositions les plus incompréhensibles à la raison, il suffit de les montrer dans les livres sacrés. Il est bien rare qu'une opinion ne puisse s'appuyer sur une ligne de l'Écriture; sur deux ou trois mots, quelquefois, détachés de la phrase qui les contient.

Un pamphlétaire a emprunté à saint Paul cette épigraphe, très bien choisie, mais peu charitable : *Increpa illos durè*. Pascal y ajoute : *Jocosè*.

Le rôle de la grâce, intelligible dans Pélage, qui le réduit à rien, obscur dans saint Augustin, le plus grand des Pères, qui prétend en marquer les limites, embrouillé de siècle en siècle par les commentateurs, outré enfin par la Réforme, tourmenta pendant vingt ans la pensée de Jansénius. Sans mêler, volontairement au moins, à l'humilité d'un disciple, la superbe périlleuse d'un censeur, le docteur de Louvain, persuadé que, faute d'entendre saint

Augustin, tous les scholastiques avaient erré sur la grâce, donna pieusement à son livre, en l'honneur du plus savant des saints, le titre d'*Augustinus*, devenu célèbre.

L'*Augustinus*, publié en 1640, deux ans après la mort de l'auteur, devait être dédié au pape Urbain VIII.

Jansénius avait dit sur son lit de mort :

« Je crois qu'on pourrait difficilement changer quelque chose à mon ouvrage. Que si, pourtant, le saint-siège y voulait quelque changement, je suis un fils obéissant et soumis. »

Le livre, malgré cette déclaration, fut imprimé en secret et à la hâte. Une seconde édition parut en 1641 et une troisième à Rouen en 1643.

Le succès fut très grand, mais aussi la résistance. On discutait en chaire les principes, voisins, suivant plus d'un docteur, de ceux de Calvin et par conséquent dignes du bûcher.

L'*Augustinus* fut d'abord condamné, par une bulle d'Urbain VIII, le 6 mars 1641, comme renouvelant plusieurs propositions de Baius, condamnées par Pie V en 1567.

L'*Augustinus* fut dénoncé en 1644 par l'Université de Paris comme suspect d'hérésie, et, après un long et minutieux examen, la cour de Rome en interdit la lecture en y condamnant cinq propositions, dès lors mémorables, plus connues cependant par leur nombre que par leur sens véritable, sur lequel on n'est pas d'accord.

Les disciples de Jansénius, zélés pour sa mémoire, soulevèrent plusieurs questions. Les cinq propositions sont-elles dans Jansénius? Quand Jansénius annonce simplement l'analyse et le développement des doctrines de saint Augustin, en use-t-il de bonne foi et sans se méprendre lui-même? Quelle que soit enfin leur origine, les propositions sont-elles hérétiques et condamnables? Telles sont les questions, de fait et de droit, devenues si célèbres.

La sentence régulière de l'Église tranche la question de droit. Les propositions sont fausses, téméraires, scandaleuses, impies, blasphématoires, injurieuses à Dieu et dérogeant à sa bonté.

Sur la question de fait, sans vouloir contester contre les saints, ni se commettre avec les conciles, Arnauld déclarait avoir lu exactement le livre de Jansénius sans y avoir trouvé les propositions condamnées. Il ajoutait, non sans déguiser un peu ses véritables sentiments, qu'il les condamnait en quelque lieu qu'elles se rencontrassent, et dans le livre de Jansénius, si elles y sont. Si elles y sont! le doute est injurieux pour le saint-siège qui les y a vues. On invitait la Sorbonne à condamner cette témérité. Le projet, quoi qu'en dise Pascal, n'était ni extraordinaire ni hors d'exemple.

Il nous suffira, pour définir le terrain, de donner ici la première des propositions si bien cachées. C'est la seule dont Pascal ait parlé.

« Quelques commandements sont impossibles aux justes malgré les efforts de leur volonté, avec les forces dont ils disposent présentement, s'ils n'ont pas la grâce qui les leur rend possibles. »

Cette première proposition se lit, *in terminis*, dans le livre de Jansénius. La question de fait, pour elle, ne devrait pas exister.

Elle existe pourtant.

Je lis dans un pamphlet publié en 1644 :

« De toutes les cinq propositions, il n'y a que la première seule, dont les termes soient de M. d'Ypre, et néanmoins il n'est pas moins vray d'elle que de toutes les autres, qu'elle n'est point de M. d'Ypre ; parce que ces termes, séparés et détachés de tout ce qui les précède et les suit dans le livre de ce prélat, font une proposition toute différente de celle que ces mêmes termes font dans son livre. »

Sur celle-là même, par conséquent, on ne réussissait pas à s'entendre.

« Si la curiosité me prenait, dit Pascal, de savoir si les propositions sont dans Jansénius, son livre n'est ni si gros ni si rare que je ne puisse le lire en entier pour m'en éclaircir sans en consulter la Sorbonne. »

Ni si rare, ni si gros ! Pascal ne l'a pas lu. Mille pages à deux colonnes, de soixante-quinze lignes chacune, formeraient vingt volumes aujourd'hui. Pascal aurait pu lire le livre de Jansénius, personne n'en saurait douter, mais il est certain qu'il ne l'a pas fait.

« Si je ne craignais, dit-il, d'être téméraire, je crois que je suivrais l'avis de la plupart des gens que je vois, qui, ayant jusqu'ici cru sur la foi publique que ces propositions sont dans Jansénius, commencent à se défier du contraire par le refus bizarre qu'on fait de les montrer qui est tel, que je n'ai encore vu personne qui m'ait dit les y avoir vues. »

Le refus de montrer dans l'*Augustinus* quatre des cinq propositions condamnées n'est bizarre qu'en apparence. Leur esprit imprègne tous les chapitres sans qu'on puisse les rencontrer dans aucune phrase.

Louis XIV, mécontent du trouble de l'Église, irrité par l'agitation des esprits, inquiété par des rumeurs de grande conséquence pour la religion, voulut, plusieurs années après, se renseigner sur la question de fait, toujours discutée.

Croyant, lui aussi, la chose très facile, sans s'informer de la grosseur du livre de Jansénius, ni de la compétence du comte de Grammont, il lui ordonna de le lire. La faveur était grande. Le comte s'inclina, reconnaissant et joyeux; il feuilleta probablement l'*Augustinus* et, déclara quelques jours après, que si les propositions s'y trouvent, elles y sont *incognito*. Le mot fit fortune; mais son auteur, dès lors, avec raison sans doute, fut soupçonné de jansénisme.

Bossuet savait mieux lire et mieux chercher :

« Je crois, que les propositions sont dans Jansénius et qu'elles sont l'âme de son livre. Tout ce qu'on a dit de contraire me paraît une pure chicanerie. »

Fénelon est plus affirmatif encore :

« La prétendue question de fait est une illusion grossière et odieuse. Personne ne dispute réellement pour savoir quel est le vrai sens du texte de Jansénius. Jamais texte ne fut si clair, si développé, si incapable de souffrir aucun équivoque. Le même système saute aux yeux, et se trouve inculqué presque à chaque page. Il ne s'agit que du point de droit; savoir si ce système, plus clair dans le livre *que les rayons du soleil en plein midi*, et que les deux côtés y reconnaissent également, est la céleste doctrine de saint Augustin, comme vous le criez, ou une doctrine hérétique, comme les constitutions le déclarent. »

Les disputes cependant, sur le fait aussi bien que sur le droit, se prolongèrent pendant plus d'un siècle. On ordonnait, au nom de l'obéissance, de croire à la présence des propositions dans Jansénius. C'était reculer la difficulté, car on disputait alors sur le degré de croyance exigé. L'archevêque de Paris déclarait, pour ôter tout scrupule, qu'il n'exigeait pas à cet égard une foi divine; il permettait de croire les faits affirmés par l'Église, quoiqu'ils soient publiés dans les mêmes chaires, avec moins de certitude que les vérités catholiques. L'intention était bonne, mais la concession était bien faite pour embrouiller la question, et rendre les controverses plus subtiles.

Nous n'espérons pas résoudre la question de

fait; essayons seulement, la tâche est difficile, de marquer le centre et le nœud du dissentiment sur le fond.

Pierre est croyant, il aspire au paradis; s'il en est autrement, il sera damné : nous n'avons pas à nous occuper de lui. Il traverse un jardin, il voudrait y cueillir les fleurs qu'il trouve si belles à la vue, goûter à ces fruits qu'il devine si doux au goût; il n'ignore pas que Dieu défend le vol. Deux influences se combattent dans son âme. Que faut-il penser de cette lutte? Le jardin, c'est le monde; les fleurs, tout ce qui nous plaît; le fruit défendu, tout ce que nous aimons.

La question est grave; elle porte sur la part qu'on doit faire à la liberté de l'homme et à la prescience de Dieu. Les théologiens les moins subtils et les moins profonds, les plus raisonnables peut-être, disent : Pierre, comme Hercule autrefois, peut prendre le bon ou le mauvais parti. Dieu le jugera d'après ses actes. Celui qui suit cette idée si simple est pélagien et hérétique. Il oublie qu'il a été dit : « J'ai aimé Jacob et j'ai haï Esaü. » Il enlève, aux justes qui tombent, la grâce sans laquelle on ne peut rien, brave l'anathème de vingt conciles, anéantit la grâce de Jésus-Christ et détruit la morale de l'Évangile pour rétablir celle du paganisme. Les conséquences ne vont pas moins loin, selon Jansénius.

« On a remarqué, dit Jansénius, dans sa brillante préface traduite par Sainte-Beuve, et c'est le caractère singulier et propre de cette hérésie, qu'il existe une telle connexion entre toutes les erreurs du pélagianisme, que, si on épargne une seule des plus minces fibres et des plus extrêmes, et perceptibles à peine aux yeux de lynx, une seule petite racine d'un seul dogme, bientôt toute la masse de cette erreur serpente, toute la souche avec la forêt de rameaux empestés reparaît et s'élance; de sorte que, si vous donnez un brin à Pélage, il faut tout donner; que si, trompé par le fard de l'erreur, par le prestige des mots, vous réchauffez dans votre sein ce serpent mort et lui rendez une seule palpitation, à l'instant, bon gré mal gré, et enlacé que vous êtes, il faut venir à éteindre toute la vraie grâce, à tuer la vraie piété, à supprimer le péché originel, à évincer le scandale de la croix, à rejeter Christ lui-même, à dresser enfin, dans toute sa hauteur, le trône diabolique de la superbe humaine : bon gré, mal gré, il le faut. »

Quelques théologiens, pour fuir une doctrine si dangereuse, se sont jetés à l'extrémité opposée.

La grâce, nécessaire au salut, n'est pas donnée suivant les mérites. Dieu, qui n'a choisi les Israélites ni pour leur nombre ni pour leurs mérites, ne choisit pas aujourd'hui ses élus parce qu'il les trouve innocents, il les fait innocents parce qu'il les a choisis, et sa justice ne trouve rien à récompenser que ce qu'a voulu sa miséricorde. Dieu est l'unique moteur. Nous avons perdu comme Adam tout empire sur nos appétits et, dans l'état de nature déchue où nous sommes tous, la concupiscence, si Dieu ne nous donne une grâce spéciale, nous entraîne au mal comme par force.

Cette doctrine excessive, en faisant de Dieu l'auteur du péché, entraîne la négation de toute morale. Prétexte pour les uns d'une dangereuse confiance, elle ruine chez les autres l'espérance du salut. Les deux principes sont contradictoires; Bossuet, qui cependant les tient tous deux pour vrais, renonce dans un très beau langage, à l'espoir de les concilier.

« Il ne faut jamais abandonner les vérités une fois connues, quelque difficulté qui survienne quand on veut les concilier; il faut au contraire, pour ainsi parler, tenir fortement les deux bouts de la chaîne quoiqu'on ne voie pas toujours le milieu par où l'enchaînement se continue. »

Pascal a dit avant lui :

« La grâce sera toujours dans le monde et aussi la nature; de sorte qu'elle est en quelque sorte naturelle, et ainsi, toujours il y aura des pélagiens et toujours des catholiques, et toujours combat, parce que la première naissance fait les uns, et la grâce de la seconde naissance fait les autres.

Deux forces sont en présence : la tentation du mal et le désir du bien. Jansénius les nomme deux *délectations*.

Quelque nom qu'on leur donne, la plus forte l'emportera; tout le monde en tombera d'accord avec saint Augustin.

Qui réglera les deux forces?

Si Dieu se réserve la décision, s'il donne le vouloir et le faire, et que, de toute éternité, sa prescience lui fasse connaître l'issue de la lutte, aucune part n'est laissée au libre arbitre. La doctrine est celle de Luther outrée par Calvin; on a accusé les jansénistes, qui s'en défendent, d'en accepter le principe.

Si l'homme est libre, au contraire, si, maître de ses actions et de sa volonté, il dispose à sa guise de la résistance pour l'égaler à la tentation, Dieu n'intervient que pour juger. La grâce n'existe pas. C'est la doctrine stoïcienne, c'est aussi celle de Pélage, qui n'en disconvient pas.

On peut à ce système absolu, apporter des adoucissements. La prière et les élans vers Dieu rendent la victoire indécise. Les uns demandent à être délivrés de la tentation et elle est allégée pour eux. Ils se renouvellent dans l'amour de Dieu et implorent des forces, qui ne leur sont pas refusées. La lutte n'est pas évitée; le triomphe est toujours pour la plus forte des deux délectations, mais l'homme peut, à son gré, la diminuer ou l'accroître.

La grâce intervient. Est-elle donnée à tous? est-elle suffisante? quelles sont les limites de son efficacité? quelles occasions la font naître? quels mérites l'accroissent? quelles négligences la diminuent? Ces inépuisables sujets de dispute ont ému de grands personnages; Pascal en égaye le lecteur de ses premières *Lettres*, sans se donner la tâche périlleuse de l'instruire.

L'observation de l'âme humaine, j'oserai le dire au risque de proférer une hérésie, aurait pu rendre évidente la première des propositions de Jansénius : *Quelques commandements sont impossibles aux justes.*

Il est à peine croyable qu'on l'ait si souvent discutée sans la préciser. La distinction entre les commandements éclaircit tout. Le commandement : Vous ne déroberez point ! n'est impossible à aucun juste. La raison en est simple; celui qui y manque n'est pas juste.

Vous ne porterez pas de faux témoignage! est un commandement de même sorte. Celui dont cette prescription surpasse les forces mérite le mépris.

Lorsque le *Décalogue* dit au contraire :

Vous ne *désirerez* point la maison de votre prochain, vous ne *désirerez* point sa femme, ni son bœuf, ni son âne, ni aucune de toutes les choses qui lui appartiennent! Il ne saurait suffire pour obéir à la loi, de s'éloigner en détournant les yeux. Il est dit : Vous ne *désirerez* pas! Le précepte est difficile. La rébellion qu'Adam n'a pu réduire est héréditaire, punition, suivant Jansénius, et vice d'origine; vérité constatée, au moins, par l'expérience universelle.

Le stoïcien savait, quelle que fût la passion contraire, accomplir un acte prescrit, s'abstenir de celui que la vertu défend. Ces conditions, dans l'antiquité, étaient requises pour faire un sage. L'ostentation aidait à la vertu. Nous ne valons, aujourd'hui, ni beaucoup mieux ni beaucoup moins. Mais qui pourra, pour maîtriser ses désirs, imposer silence à ses pensées?

Blaise fait plus que son devoir, prend de l'argent au change pour secourir les pauvres, se ruine en aumônes, devient pauvre lui-même... pauvre d'esprit non pas! Si la charité n'est pas dans son cœur, si, loin d'aimer cordialement son prochain, il le méprise comme lui-même, si, tenant la joie pour une erreur, il s'afflige et gémit sur ceux qui se réjouissent, il dépasse la lettre sans atteindre l'esprit. La perfection lui est impossible. On peut mériter l'enfer faute de charité aussi bien que faute de justice. La grâce accordée à tous ceux qui la demandent est celle de bien faire; celle de bien penser est surnaturelle.

Guillaume est gravement malade; on perd tout espoir. Son neveu Pierre est son héritier, il se réjouit, en a honte, mais n'y peut rien. Le médecin ordonne une potion, dernière chance de salut. Pierre fait seller son meilleur cheval, court à la ville voisine, rapporte la potion, sauve la vie de son oncle, et ne réussit pas à s'en consoler. Il a pu sans cesser d'être un juste, caresser, dans le secret de son âme, la pensée de la fortune attendue, sourire aux projets qui remplissaient son esprit; mais s'il hésite, s'il ralentit son allure, ce n'est pas la grâce qui lui manque, c'est la justice.

On entend le tocsin! Jacques se précipite, trouve une maison en flammes, prend le commandement; ingénieux et intrépide, héroïque même au moment critique, il prévient un désastre sans lui certain : On l'admire, on le vante, la reconnaissance est unanime.

Quelques accidents semblables accroîtraient sa popularité, et serviraient ses ambitions; il n'ose les espérer, mais il les désire, naturellement, se dit-il. Il aspire à risquer sa vie, et voudrait bien, pour en avoir l'occasion, voir de nouveau celle des autres en danger. Jacques est, en outre, peintre, romancier et poète; il revient charmé du spectacle qu'il a vu; un homme devant lui s'est tordu dans les flammes; belle source d'inspiration! La journée est bonne; il a déployé son énergie, fait preuve de courage, montré ses talents, il s'est amusé.

Jacques n'est pas même un juste auquel la grâce a manqué. Le commandement d'aimer son prochain comme lui-même lui est impossible, il n'aime que lui. Il est de ceux que saint Paul appelle airains sonnants et cymbales retentissantes.

Jansénius ne croit pas à son salut.

La mère Supérieure vient de mourir. La sœur Ursule, intelligente et instruite, en toute occasion citée comme un modèle, se croit capable de gouverner; elle brigue le premier rang. L'intrigue la fait échouer. Son heureuse rivale, Véronique, est incapable; elle commet faute sur faute; manque de douceur, de charité et de prudence. Le cœur d'Ursule est ulcéré jusqu'au fond; elle ne laisse paraître ni impatience ni tristesse. La joie de voir Véronique se damner la dédommage et la console. Fénelon est son directeur; Ursule lui ouvre son cœur. « Cela est bien laid, lui dit-il, et bien honteux. Votre amour-propre est au désespoir quand, d'un côté vous sentez au dedans de vous une jalousie si vive et si indigne, et quand d'un autre côté vous ne sentez que distraction, que sécheresse, qu'ennui, que dégoût pour Dieu. » Ursule fait effort pour vivre saintement; elle y réussit. Mais la grâce lui manque; le cygne de Cambrai aura peine à sauver son âme. On peut être vertueux et haïssable. Les hommes ne s'y trompent pas toujours, Dieu ne s'y trompe jamais.

Dans les premières *Lettres provinciales* on admire la clarté. Sans accepter toujours la maxime de Pascal : *Les choses valent mieux dans leur source*, on sera curieux, peut-être, de lire sur le texte original d'un pamphlet célèbre, avoué par le parti, le sens qu'on donnait à Port-Royal aux interprétations mises en avant pour la première proposition. Sous ce titre :

Distinction abrégée des cinq propositions qui regardent la matière de la grâce, laquelle a esté présentée en latin à Sa Sainteté, par les théologiens qui sont à Rome pour la défense de la doctrine de saint Augustin.

où l'on voit clairement en trois colonnes les divers sens que ces propositions peuvent recevoir. Nous reproduisons la première page sans commentaires. Si peu qu'on ajoute au texte en pareille matière, l'accusation d'avoir mal compris est certaine, celle de mauvaise foi très probable : il est prudent de se taire.

PREMIERE PROPOSITION

...a esté malicieusement tirée hors de son lieu & exposée à la c...

...ommandemens de Dieu sont impossibles aux hommes j[ustes]...
...ils veulent & qu'ils s'efforcent selon les forces qu'ils ont [...]
...uvent. Et la grace qui les doit rendre possibles leur manque.

...eretique.	PREMIERE PROPOSITION,	PROPOS[ITION]
...oit donner ma-[...] à cette proposi-[tion] n'a pas neant-[...] on la prend [...] oit estre prise.	*Dans le sens que nous l'entendons, & que nous la deffendons.*	contraire à la [...] le sens que nos [...] la soûtie[nnent]
...andemens de [...] possibles à tous [...] elque volonté [...] quelques ef-[forts qu'ils] fassent, mesme [avec t]outes les forces [de la] grace la plus [p]lus efficace. Et [...] tousjours du [...] 'une grace par [...] issent accōplir, [...] seulement un [...] nt de Dieu.	Quelques commandemens de Dieu sont impossibles à quelques justes qui veulent & qui s'efforcent foiblement & imparfaitement selon l'estenduë des forces qu'ils ont en eux, lesquelles sont petites & foibles. C'est à dire, qu'estant destituez du secours efficace qui est necessaire pour vouloir pleinement & pour faire, ces commandemens leur sont impossibles, selon cette possibilité prochaine & complette, dont la privation les met en estat de ne pouvoir effectivement accomplir ces commandemens. Et ils manquent de la grace efficace, par laquelle il est besoin que ces commandemens leur deviennent prochainement & entierement possibles : ou bien ; ils sont depourveus de ce secours special sās lequel l'homme justifié, comme dit	Tous les co[mmandemens] de Dieu sont to[us possi]-bles aux justes [...] qui est soûmise [au libre] arbitre, lors q[ue...] & qu'ils travail[lent avec les] forces qui sont [en] eux. Et jamais [il n']est prochainem[ent...] pour rendre l[es comman]-demens effectiv[es possi]-bles, ne leur [...] agir, ou du [...] prier. *Nous soûten[ons que nous] sommes prests de [...] cette proposition [de] Molina & de n[...] est pelagienne ou [...] ne, parce qu'elle [ne] cessité de la gra[ce...]*
...ition est heretique, & Lutherie-[nne] esté condamnée [au Concile] de Trente.		

L'écrit d'Arnauld fut déclaré téméraire, impie, blasphématoire, foudroyé d'anathème et hérétique; l'auteur fut lui-même chassé de la Sorbonne et son nom effacé de la liste des docteurs. Arnauld avait des consolations. On l'a accusé d'une trop grande tendresse pour ses pénitentes, elles le lui rendaient. Quand, après sa condamnation, on le cherchait, sans doute pour l'enfermer à la Bastille comme le furent Saint-Cyran et de Sacy : « Voulez vous, dit une dame de qualité aux satellites qui le cherchaient, que je vous dise où est caché M. Arnauld? Il est bien caché. » Et, se touchant le cœur de la main : « Tenez, c'est là qu'il est caché, dit-elle, prenez-le, si vous pouvez! »

Après avoir écrit sa première *Lettre* dans la retraite de Port-Royal, Pascal, pour composer les suivantes, se cacha, sous le nom supposé de M. de Mons, dans une auberge de la rue des Poiriers, à l'enseigne du *Roi David*, vis-à-vis le collège des jésuites. C'est aujourd'hui la rue des Poirées dont il reste plusieurs maisons réunissant la rue des Grès à la rue Soufflot.

M. Perier, son beau-frère, arrivant à Paris dans le même temps, alla se loger dans la même auberge comme un homme de province, sans faire connaître qu'il était beau-frère du prétendu M. de Mons. Pendant que M. Perier demeurait en cet endroit, le Père de Frétat, jésuite, l'un de ses parents, vint lui rendre visite, et lui dit qu'ayant l'honneur de lui appartenir, il était bien aise de l'avertir qu'on était persuadé dans la Société que c'était M. Pascal, son beau-frère, lequel vivait dans la retraite, qui était l'auteur des *petites lettres* qui couraient dans Paris contre les jésuites, et qu'il devait le lui dire et lui conseiller de ne pas continuer, parce qu'il pourrait lui en arriver du chagrin. M. Perier le remercia, et lui dit que cela était inutile et que M. Pascal lui répondrait qu'il ne pouvait les empêcher de l'en soupçonner, parce qu'ils ne le croiraient pas, quand il leur dirait que ce n'était pas lui ; et que s'ils s'imaginaient qu'il en était ainsi il n'y avait point de remède. Le Père de Frétat se retira là-dessus, disant toujours qu'il était bon de l'avertir, et qu'il prît garde à lui.

M. Perier fut fort soulagé quand il s'en alla; car il y avait sur son lit une vingtaine d'exemplaires de la septième et huitième lettre qu'il y avait mis pour sécher. Il est vrai que les rideaux étaient un peu tirés, et heureusement un frère que le Père de Frétat avait amené avec lui, et qui était assis auprès du lit, ne s'était aperçu de rien. M. Perier alla aussitôt en divertir M. Pascal qui était dans la chambre au-dessous de lui, et que les jésuites ne croyaient pas si proche d'eux.

Mazarin goûta fort les premières lettres et ne faisait qu'en rire; il aurait dit volontiers comme le proconsul d'Achaïe aux accusateurs de saint Paul : « Je ne veux pas être juge de ces choses. » Les *petites lettres*, cependant, faisaient aux *Mazarinades* une utile diversion; le gouvernement ne voulait ni les permettre ni les tolérer ni les empêcher. Chacun joua son rôle. La Sorbonne obtenait des décisions sévères, les imprimeurs se cachaient, la police les cherchait mollement et la poste, respectant le secret des correspondances, semait des exemplaires par milliers dans toutes les villes de la France.

On en imprima quelques-unes dans les caves du collège d'Harcourt, d'autres dans les moulins que la Seine faisait tourner entre le pont Neuf et le pont au Change. On travailla aussi dans des bateaux. La police ne découvrit rien.

Jamais on n'avait vu, jamais on n'a vu depuis, polémique plus mordante, ironie plus fine, narration plus rapide et plus nette. Les amis de Port-Royal s'écriaient : c'est un chef-d'œuvre. Les adversaires, en tombant d'accord, disaient comme Montaigne : un chef-d'œuvre ne perd pas ses grâces en plaidant contre nous.

Pascal lui-même, écoutait volontiers et redisait les louanges.

« Vos deux lettres — se fait-il écrire par son prétendu correspondant — n'ont pas été pour moi seul. Tout le monde les voit, tout le monde les entend, tout le monde les croit. Elles ne sont pas seulement estimées par les théologiens, elles sont encore agréables aux gens du monde, et intelligibles aux femmes même. »

Le provincial joint à cette déclaration générale, la copie d'une lettre écrite par un des messieurs de l'Académie, des plus illustres entre ces hommes tous illustres (on a cru que c'était Chapelain). Il y joint la lettre qu'une personne, qu'il ne marquera en aucune sorte, a écrite à une dame qui lui a fait tenir la première lettre. (Madame de Sablé, dit-on, à Gilberte Perier.)

« Je vous suis plus obligée que vous ne pouvez vous l'imaginer de la lettre que vous m'avez envoyée, elle est tout à fait bien écrite. Elle narre sans narrer : elle éclaircit les affaires du monde les plus embrouillées, elle raille finement; elle instruit même ceux qui ne savent pas bien les choses; elle redouble le plaisir de ceux qui les entendent. Elle est encore une excellente apologie, et, si l'on veut, une délicate et innocente censure. Et, il y a tant d'art, tant d'esprit et tant de jugement en cette lettre que je voudrais bien savoir qui l'a faite. »

C'est en ces termes que Pascal, dans l'intérêt de la bonne cause et de la vérité, prenait acte, au commencement de la *troisième lettre,* de l'éclatant succès des deux premières; chaque *lettre* se vendait deux sols.

Les amis de Pascal lui firent lire Escobar; l'étonnement fut sincère :

« Il n'est rien de tel que les jésuites, dit-il au début de la *quatrième lettre*. J'ai bien vu des jacobins, des docteurs et de toutes sortes de gens, mais une pareille visite manquait à mon instruction. Les autres ne font que les copier. Les choses valent mieux dans leur source. »

La guerre aux jésuites est déclarée; tous les coups désormais seront pour eux.

Le talent ne pouvait grandir, mais le succès redoubla. Le sujet nouveau touchait au scandale. Pascal n'avait plus à se faire comprendre, mais seulement à se faire admirer. Dans le parallèle des anciens et des modernes, Perrault nous fait connaître l'opinion des juges impartiaux.

— Voilà donc Lucien et Cicéron que vous reconnaissez pour d'habiles gens en fait de dialogues; quels hommes de ce siècle leur opposez-vous?

— Je pourrais leur opposer bien des auteurs qui excellent aujourd'hui dans ce genre d'écrire, mais je me contenterai d'en faire paraître un seul sur les rangs, c'est l'illustre M. Pascal, avec les dix-huit *Lettres provinciales*. D'un million d'hommes qui les ont lues, on peut assurer qu'il n'en est pas un qu'elles aient ennuyé un seul moment.

— Je les ai lues plus de dix fois; et, malgré mon impatience naturelle, les plus longues ont toujours été celles qui m'ont plu davantage.

— Tout y est pureté de langage, noblesse dans les pensées, solidité dans les raisonnements, finesse dans les railleries, et partout un agrément que l'on ne trouve guère ailleurs. »

Les jésuites avaient excité bien des haines; pour les autres ordres religieux, pour le clergé régulier et pour les laïques, quand ils ne les gouvernaient pas, ils étaient l'ennemi commun. Nouveaux venus au xvi° siècle, ils avaient disputé des positions prises. Les évêques, les curés, les religieux des autres ordres trouvaient en eux de dangereux rivaux. Leurs institutions recommandaient aux supérieurs de ne pas blesser les membres du clergé ordinaire par l'usage de leurs privilèges. *Caveant ne in usu hujus facultatis ordinarios offendant.* Pour tourner en argument contre eux cette invitation sage et prudente, un de leurs plus ardents adversaires a ajouté en la traduisant, le mot *trop* qui n'est pas dans le texte. Ils doivent se garder de *trop* offenser le clergé régulier.

Qu'ils l'offensent peu, beaucoup, ou trop, on ne s'en soucie guère aujourd'hui.

Les jésuites avaient inquiété, ruiné quelquefois par leur concurrence, les universités en France, en Espagne, en Portugal, en Bohême, à Louvain, à Avignon, à Cracovie et dans beaucoup d'autres lieux sans doute; ils voulaient faire la besogne d'autrui; qu'ils la fissent bien ou mal, ils n'en venaient pas moins, concurrents indiscrets, empiéter sur des droits acquis et sur des privilèges solennellement octroyés. La lutte dura longtemps.

Bossuet écrivait en l'année 1700 :

« L'Évangile nous apprend que les trésors célestes, tels que sont la prédication de la parole de Dieu et l'administration du sacrement de pénitence, doivent être mis entre des mains sûres, et distribués à chacun selon sa propre vertu, *secundum propriam virtutem*; de peur que, si la dispensation de ces grâces qui font toute la richesse de l'Église était commise indifféremment et sans connaissances à toutes sortes de sujets, elle n'échût, trop facilement et contre notre intention, au serviteur inutile qui ne saurait pas les faire valoir.

» C'est pour éviter cet inconvénient que plusieurs prélats avaient réglé depuis quelques années que les religieux qu'on enverrait travailler dans leurs diocèses n'y paraîtraient pas sans le témoignage non seulement de leurs supérieurs, mais encore, et à plus forte raison, sans celui des évêques du lieu où ils auraient servi par rapport aux fonctions ecclésiastiques. Quoique le règlement soit très sage, quelques ordres religieux ne s'y sont pas soumis pour des raisons que nous n'avons pas approuvées. »

Ces religieux récalcitrants ce sont les jésuites.

Dès l'année 1554, l'évêque de Paris, Eustache

Dechamp, parlant des mêmes bulles sur lesquelles s'appuyaient les jésuites, les déclarait aliénées de raison; elles ne devaient être ni tolérées ni reçues.

« Ils entreprennent, disait l'évêque, sur les curés à prêcher, dire confession, et administrer les saints sacrements même pendant un interdit; et la messe entendue chez eux dispense d'assister à celle de la paroisse. Il leur est donné licence, ajoute l'évêque, qui s'en indigne, de commettre partout où leur général le voudra, lectures de haute théologie sans en avoir permission, chose très dangereuse en cette saison, et qui est contre les priviléges des universités pour distraire les étudiants des autres facultés.

» On voit, ajoutait-il, s'adressant à ces intrus, vos colléges remplis d'un nombre prodigieux d'étudiants, une multitude de pénitents à vos pieds, la plupart des chaires occupées par vos orateurs, la presse même gémir sous la diversité de vos ouvrages. »

Chacun, en défendant ses droits, jalousait

ceux des autres. Les jésuites avaient été comblés. Le saint pape Pie V leur avait accordé tous les privilèges passés, présents et futurs qu'ont obtenu et qu'obtiendront jamais les mendiants de toutes les couleurs, de tous les degrés et de tous les sexes, tout ce qu'on avait donné de prérogatives, d'immunités, d'exemptions, de facultés, de concessions, d'indultes, d'indulgences, de grâces spirituelles et temporelles, de bulles apostoliques, sans en rien oublier, ou qu'on pourrait donner à l'avenir à leurs congrégations, couvents et chapitres, à leurs personnes, hommes ou filles, à leurs monastères ou maisons hospitalières et autres lieux, la société devait les avoir, *ipso facto*, sans autres concessions particulières. Grégoire XIII était allé plus loin encore, et avait accumulé dans une bulle tous les privilèges qu'il soit possible d'imaginer pour en *inonder* les jésuites.

Les jésuites causaient d'autres alarmes. Ils prétendaient vivre d'aumônes :

« Considéré la malice des temps auxquels la charité est bien fort refroidie, d'autant qu'il y a beaucoup de monastères et maisons déjà reçues et approuvées, qui vivent et s'entretiennent des dites aumônes, auxquelles cette nouvelle société ferait grand tort ; c'est à savoir les Quatre-mendiants, les Quinze-vingts et les Repenties. Mêmement ils feraient tort aux hôpitaux et maisons-dieu et aux pauvres qui sont en iceux. »

Les jésuites, pour ces motifs, paraissaient plus nuisibles qu'utiles.

« Car, comme une prébende ou un bénéfice sont infructueux à celui qui les possède, lorsque les charges en excèdent le revenu, on peut dire aussi qu'un ordre religieux est infructueux à l'Église quand il lui apporte plus de dommage que de profit, principalement quand il se rencontre que plusieurs autres religieux et ordres ecclésiastiques peuvent lui être aussi utiles sans lui être aussi préjudiciables. »

Les universités se croyant capables et dignes d'instruire la jeunesse ne toléraient pas qu'on les y aidât. Les collèges des jésuites faisaient offense à « cette fille aînée de nos rois, cette vierge pudique, cette fleurissante pucelle, perle unique du monde, diamant de la France, escarboucle du royaume, une des fleurs de lys de Paris, la plus blanche de toutes, » pour être plus clair, à l'Université de Paris. Elle ne le pardonnait pas. Les jésuites prospéraient cependant; les donations s'ajoutaient aux aumônes, ils pouvaient agrandir et orner leurs collèges; les attaques redoublaient comme s'ils étaient, disaient-ils, fort punissables, pour essayer de loger commodément en leurs collèges les princes, les seigneurs et toute la jeunesse de bonne naissance que les parents mettaient entre leurs mains.

« Quel droit, répliquait l'Université de Paris, avez-vous de vouloir vous agrandir tous les jours à nos despens et par des monopoles continuels sur nos collèges? Parce que vous avez eu assez de succès dans vos intrigues pour vous faire confier la direction des études de quelques enfants de naissance. Les larcins cessent-ils d'être des larcins lorsqu'ils ont été précédés par des usurpations?

» Mais que direz-vous du collège de Marmoustiers que vous paraissez avoir plutôt acheté pour rassasier votre cupidité sordide que pour loger plus commodément vos écoliers? Les charcutiers, les vendeurs de bière, les menuisiers et autres artisans vils et mécaniques qui l'occupent, sont-ce des princes, des seigneurs et des gens de bonne naissance que vous êtes obligés de loger commodément? Quelle sorte de leçons faites-vous à ces jeunes gens si éloignés de votre profession? »

C'est, au début, une querelle de boutique ; on ne prend pas souci de le cacher. La rivalité des intérêts devint bientôt le plus petit côté de la question, mais tout s'enchaîne et tout se tient. Le charlatan de la *Satire Ménippée* a appris à Tolède au collège des jésuites, que le *Catholicon* simple de Rome n'a d'autres effets que d'édifier les âmes et causer salut et béatitude en l'autre monde seulement; se fâchant d'un si long terme, il s'est avisé de sophistiquer ce *Catholicon*, si bien qu'à force de le manier, remuer, alambiquer, calciner et sublimer, il a composé dedans ce collège un électuaire souverain qui surpasse toute pierre philosophale.

C'est un savon qui efface tout. Qu'un roi casanier s'amuse à affiner cette drogue en son Escurial, qu'il écrive un mot en Flandre au Père Ignace, cacheté de *Catholicon*, il lui trouvera homme lige et (*salva conscientia*) assassinera son ennemi qu'il n'a pu vaincre par armes en vingt ans.

On accusait les jésuites, personne ne l'ignorait alors, d'enseigner qu'on peut tuer les rois, s'ils deviennent criminels. L'un des leurs a même poussé l'irrévérence jusqu'à écrire ces lignes souvent reprochées avec une horreur affectée ou sincère :

« Si un prince usait de violence pour ôter la vie à un de ses sujets, ce sujet pourrait se défendre, quand la mort du prince s'ensuivrait », et l'auteur osait ajouter : *Nos omnes in hac causa unum sumus.*

Qui pouvait tolérer une telle atteinte à la majesté des rois, un tel oubli de la sainte onction qui les protégeait alors?

On lit dans un factum des curés de Paris attribué à Pascal et inséré dans le recueil de ses *OEuvres* :

« Si on considère les conséquences de cette

maxime, que c'est à la raison naturelle de discerner quand il est permis pour se défendre de tuer son prochain, et qu'on y ajoute les maximes exécrables des docteurs très graves qui, par leur raison naturelle, ont trouvé qu'il était permis de commettre d'étranges parricides contre les personnes les plus inviolables, en certaines occasions, on verra que, si nous nous taisions après cela, nous serions indignes de notre mission. »

Les jésuites aspirent moins à la perfection morale qu'à l'honneur de contribuer par habileté ou par force à la gloire de Dieu, c'est-à-dire au triomphe de l'Église. Ils veulent faire tous les hommes enfants de l'Église et assujettir tous les enfants de l'Église à l'observance de ses commandements. Ils donnent, sans en convenir formellement, le premier rang aux pratiques extérieures, elles sont de bon exemple, en attendant le reste. Pour les imposer à tous, ils ne négligent rien, ne reculent devant rien et n'en font pas secret. Ils se mêlent de tout, jusqu'à aspirer au gouvernement de l'État, non pour le bien des affaires, pour le mal moins encore, leur dessein est ailleurs; ils se croient suscités de Dieu pour combattre l'irréligion et vaincre l'hérésie. Cela peut les conduire loin du vrai, du juste et du bien. Ceux qui dans la vie voyant une grande bataille, se font soldats d'une armée, risquent de devenir, s'ils sont sincères, en politique, de consciencieux criminels, en religion, de funestes sectaires; s'ils sont hypocrites, on ne peut les mépriser assez. L'injustice, le mensonge, la calomnie, la persécution sont les armes auxquelles on se dit réduit; on le déplore, mais on n'a pas le choix. On est engagé, il faut bien vaincre! C'est là qu'est le sophisme.

Les jésuites se disent chevaliers du Christ et de la Vierge. Comme les Templiers, ils font la guerre. La guerre n'est pas le fait d'un chrétien. Les Templiers portaient casque et cuirasse; en applaudissant à leurs coups de lance on oubliait volontiers leurs vœux religieux. L'habit des jésuites interdit les combats. La ruse, quoi qu'en ait dit Royer-Colard, n'est pas sœur de la force, pas même de sa famille. Les inquisiteurs aussi manient des armes terribles, ils en sont fiers; leur conscience est tranquille, ils n'ont rien à cacher. La conscience des jésuites est tranquille également, mais ils cachent leur action et la nient. La conséquence est inévitable. La haine est pour les autres, pour eux le mépris.

L'éclat des *petites lettres* attirait les attaques. On s'irritait, en insultant l'auteur de ne rien connaître de lui.

« Vous ne pensiez pas, dit Pascal, que personne eût la curiosité de savoir qui nous sommes; cependant il y a des gens qui essayent de le deviner; mais ils rencontrent mal. Les uns me prennent pour un docteur de Sorbonne, les autres attribuent les lettres à quatre ou cinq personnes qui, comme moi, ne sont ni Pères ni ecclésiastiques. Tous ces faux soupçons me font connaître que je n'ai pas mal réussi dans le dessein que j'ai eu de n'être connu que de vous. »

« Personne ne peut nier — disait-on dans l'un des factums auxquels il fait allusion — que l'auteur des lettres qui courent aujourd'hui et font tant de bruit dans le monde, ne soit un janséniste; si toutefois c'est un homme et non pas le parti tout entier à qui, si on demandait son nom comme le Sauveur le demanda au démon, il répondrait comme lui : « Le nom que je porte est légion. » Qu'il soit un homme ou non, les lettres sont dignes du feu aussi bien que l'auteur, et ses bénéfices, s'il en a, sont vacants. »

Un auteur anonyme écrivait :

« Un chrétien ne profère pas d'injures il ne sait et ne veut dire que la vérité. En appelant l'auteur des *Provinciales* imposteur et calomniateur, il ne peut rien lui dire de plus véritable et de plus doux; et, qui ferait passer cela pour une injure, croirait que saint Paul aurait été injurieux pour ceux de Candie lorsqu'il les appela menteurs, mauvaises bêtes et ventres paresseux. »

Cette plaisanterie facile n'est pas rare dans les polémiques religieuses. Brisacier écrivait :

« Vous êtes, en vérité, nonobstant toutes vos oppositions, des sectaires, des prélats du démon et des portes d'enfer; ce sont des titres que je ne vous donne pas par forme d'injure, mais par nécessité; vous m'y obligez; en sorte que je ne pourrais vous ôter ces qualités par ma réponse et ma défense sans faire injure à la vérité. »

On peut supposer que tous deux ont imité Jean Palafox de Mendoza qui, dix ans avant, en 1649, désignait ainsi la société de Jésus, en la dénonçant au pape Innocent X :

« Ces religieux que j'ai aimés d'abord en Notre Seigneur comme étant mes amis, et que j'aime aujourd'hui plus ardemment par l'esprit du même Seigneur comme étant mes ennemis. »

« Qu'ils ne s'imaginent point, disait d'un autre côté un adversaire de la société de Jésus, qu'on se soit amusé à ramasser toutes les différentes pièces qui composent ce recueil dans le dessein de les décrier et de leur nuire. On prend Dieu à témoin que l'on n'y a été poussé que par la charité que l'on a pour eux et par la douleur sincère que l'on a de les voir dans de si malheureux engagements. »

Cette plaisanterie, qui s'alourdit en vieillissant, se rencontre dans les deux camps.

« Pour cet impie secrétaire (c'est Pascal), écrivait un autre adversaire, il devrait craindre ce qu'autrefois on pratiquait à Lyon envers ceux qui avaient composé de méchantes pièces, on les conduisait sur le pont et on les précipitait dans le Rhône. Le malheur seul des temps le sauve de la punition méritée. »

Je copie cette exclamation dans un pamphlet du temps. Le malheur des temps, pour l'auteur, c'est une scandaleuse tolérance.

Dès la première année on vit s'élever de nombreuses critiques. La *Première Reponse*, les *Lettres à Philarque*, *les Impostures*, *la Bonne Foi des jansénistes* et enfin la plus célèbre et la plus maladroite de toutes, l'*Apologie des casuistes contre les calomnies des jansénistes*, dont l'auteur, Pitot, sans adoucissement, sans interprétation et sans réserve, sans distinguer les temps et les circonstances, approuve purement et simplement les maximes et les décisions ridiculisées par Pascal.

Les curés de Paris, ceux de Rouen, et de Sens, les évêques et les archevêques d'Orléans, de Conserans, d'Alet, de Pamiers, de Cominges, de Lisieux, de Bourges et de Châlons, publièrent des censures et de sévères condamnations des doctrines défendues par Pitot. La Faculté théologique de Paris porta le même jugement non sans quelque embarras. L'apologie des casuistes était dirigée contre les *Provinciales*, et la Sorbonne n'oubliait pas le rôle qu'on lui fait jouer dans les premières lettres. Sans refuser son témoignage à la vérité, elle y ajoute en note :

« Au reste, ce livre ayant été fait à l'occasion de quelques lettres françaises envoyées sous le nom incertain d'un ami à un provincial, la Faculté n'entend point approuver en aucune manière lesdites lettres. »

Les jansénistes ne restaient pas en arrière, le parti laissait sagement la parole à Pascal, mais chacun, en répandant les *petites lettres*, s'employait à accroître l'agitation. La France entière était attentive aux subtilités des casuistes.

Un seigneur des environs de Melun avait

appelé les chiens de sa meute : Bobadilla, Vechis, Grassalis, Cubrezza, Lura, Villalobos, Pedrezza, Vorbery et Simancha, feignant, comme Pascal, d'ignorer que ces noms de casuistes appartinssent à des chrétiens.

Le reproche de calomnie et de mensonge était pour les jésuites un mauvais terrain de défense. Les citations de Pascal sont exactes. La vérification était facile alors, elle l'est encore aujourd'hui. Les textes, sauf quelques insignifiantes exceptions, ne sont ni tronqués ni pris à contresens. Qui pourrait en douter?

« Il n'est pas vraisemblable, dit avec raison Pascal, qu'étant seul comme je le suis, sans force et sans appui humain, contre un si grand corps, et n'étant soutenu que par la vérité et la sincérité, je me sois exposé à être convaincu d'imposture. Il est trop aisé de découvrir les faussetés dans des questions comme celle-ci, je ne manquerais pas de gens pour m'en accuser et la justice ne leur serait pas refusée. »

Pascal allègue sa faiblesse; on peut aujourd'hui alléguer sa force. La conclusion est la même. Le temps met à sa place ce qu'il ne détruit pas.

Il ne servait à rien de donner aux pamphlets le titre d'impostures, il fallait faire la preuve ; si elle était possible, on l'aurait avouée depuis longtemps.

Pour appeler, au début de ce siècle, les *Provinciales* les menteuses, il fallait l'impudence de Joseph de Maistre. Toutes les assertions sont exactes ou ne contiennent que des erreurs où la bonne foi n'est pas engagée ; mais rien n'était nouveau. La Sorbonne avait depuis longtemps censuré la *Somme des péchés* du Père Bauny et condamné les maximes et les décisions stigmatisées quinze ans après par Pascal.

La Faculté écrit à Richelieu, en demandant l'autorisation de publier sa censure :

« Monseigneur,

» Le sage fils de Syrac a parfaitement bien dit que les hommes se chargent d'une grande occupation et qu'il y a un joug pesant qui presse les misérables enfants d'Adam. Or, il nous semble, monseigneur, que, dans la rencontre présente, on peut fort bien entendre par ce joug, cette monstrueuse masse de nouveaux livres dont nous sommes accablés, que l'on peut appeler des faulx volantes, qui moissonnent la beauté des champs de l'Église, et détruisent tout l'ornement du Carmel. »

Les propositions de Bauny citées par Pascal sont les faulx volantes que la Sorbonne signale et condamne.

Dix ans avant la censure de la Sorbonne, Dumoulin, pour attaquer la confession, avait réuni les passages scandaleux des casuistes, et Arnauld, après Dumoulin, mais longtemps avant Pascal, avait allégué contre les jésuites, tous les textes cités dans les *Provinciales*. Arnauld n'avait produit, non plus que Dumoulin, ni bruit ni scandale.

Tous deux cependant étaient célèbres. On appelait l'un le grand Arnauld. Guy Patin, dans une de ses lettres en 1643, treize ans avant les *Provinciales*, nous donne des nouvelles de l'autre :

« J'eus le bonheur de consulter ici pour vôtre

ancien ministre et presque le pape de toute la réformation, M. Dumoulin. Je fus fort réjoui de voir ce bonhomme encore gai à son âge. »

Pascal a expliqué les succès différents obtenus par les mêmes armes :

« Quand on joue à la paume, c'est une même balle dont on joue l'un et l'autre, mais l'un la place mieux. »

Dumoulin montrait la balle; Arnauld la lançait selon les règles; Pascal la jette plus fort que jeu à la tête de ses adversaires.

Un des pamphlets qui tentent de répondre aux *Provinciales* transporte le lecteur à Charenton :

« Je sais, dit un ministre de la religion réformée, quel est l'auteur des lettres dont on fait tant de bruit. Il est fort connu de nos anciens. Je le priai de me le dire et il vit bien qu'il avait piqué ma curiosité, mais il me répondit qu'il le savait en secret, que ce n'était pas sans dessein qu'il ne voulait pas être connu de tout le monde, et qu'il n'était pas encore temps de le déclarer. Néanmoins, comme il vit que je n'étais pas satisfait de cette réponse, et que d'ailleurs, si je désirais le savoir, il n'avait pas moins d'envie de me l'apprendre, il me tira un peu à l'écart et me dit à l'oreille : c'est M. Dumoulin. Là-dessus, il me montra le nom de ce ministre à l'inventaire d'un livre qui porte pour titre : *Catalogue et dénombrement des traditions romaines*. Imprimé à Genève en l'année 1632.

« L'auteur des *lettres piquantes* n'a pas gardé l'ordre de Dumoulin, ajoute l'auteur du pamphlet ; il en a emprunté si naïvement l'esprit qu'on jurerait à le voir seulement une fois, que c'est lui. »

Le pamphlétaire se trompe. Dumoulin attaque l'Église catholique ; Pascal la vénère. Il aurait repoussé avec horreur l'esprit du guide qu'on lui prête. Tous deux dénoncent des offenses à la morale, mais la malice de Dumoulin associe au scandale les docteurs et les saints, les papes et les conciles. Les jésuites chez Pascal sont responsables de tout. Dumoulin s'attaque à leurs maîtres. Les choses valent mieux dans leur source.

« J'aurais pu, dit Dumoulin, ajouter mille préceptes vilains et infâmes touchant interrogations impudiques et curieuses que font les confesseurs, et les définitions touchant les cas de conscience. L'honnêteté ne l'a pas permis, et je n'ai pas voulu souiller mon livre de si vilains préceptes qui enseignent le vice sous ombre de le reprendre et de s'en enquester. »

Pascal, bien différent de Dumoulin, ne prétendait nullement discréditer la confession.

« Nous haïssons la vérité, a-t-il écrit plus tard, en voici une preuve qui me fait horreur. La religion catholique n'oblige pas à découvrir ses péchés indifféremment à tout le monde; elle souffre qu'on demeure caché à tous les autres hommes, mais elle en excepte un seul à qui elle commande de découvrir le fond du cœur et de se faire voir tel qu'on est. Il n'y a que ce seul homme au monde qu'elle nous ordonne de désabuser, et elle l'oblige à un secret inviolable qui fait que cette connaissance est dans lui comme si elle n'y était pas. Peut-on imaginer rien de plus charitable et de plus doux? Et néanmoins la corruption de l'homme est telle, qu'il trouve encore de la dureté dans cette loi, et c'est une des principales raisons qui a fait révolter contre l'Église une grande partie de l'Europe. Que le cœur de l'homme est injuste et déraisonnable, pour trouver mauvais qu'on l'oblige de faire à l'égard d'un homme ce qu'il serait juste en quelque sorte qu'il fît à l'égard de tous les hommes! Car est-il juste que nous les trompions? »

Le nom de Dumoulin se rencontre une seule fois dans les Œuvres de Pascal. Dans le dixième factum des curés de Paris, auquel Pascal a travaillé, mais qui notoirement n'est pas tout entier de sa main, on lit :

« Ces hérétiques travaillent de toutes leurs forces depuis plusieurs années à imputer à l'Église les abominations des casuistes corrompus. Ce fut ce que le ministre Dumoulin entreprit des premiers dans le livre qu'il en fit et qu'il osa appeler *Traditions romaines.* »

Le dédain n'est pas une réponse à des allégations précises appuyées sur des citations textuelles. Rien ne prouve d'ailleurs que ces lignes soient de Pascal.

Les jésuites, pour Pascal, sont seuls en cause, mais ils y sont tous; toute pensée, Pascal le dit nettement, toute opinion imprimée sous le nom de l'un des trente mille jésuites soumis au général résidant à Rome est celle de la société. Les supérieurs l'ont approuvée, cela suffit. Si l'opinion contraire, comme il est arrivé quelquefois, est produite ailleurs, ou en un autre temps, sous le nom d'un autre jésuite, peu importe, la société a deux opinions, voilà tout; sur l'une, au moins, elle mérite le blâme. Il n'est pas téméraire, en acceptant cette thèse pour les jésuites, de chercher, dans les livres de Navarrus, de Médina et de Silvestre, l'opinion des dominicains; dans ceux de Clavasio, celle des franciscains, dans saint Thomas, dans saint Augustin et dans saint Charles Borromée, dans saint Liguori même, quoiqu'ils ne paraissent pas toujours d'accord, la doctrine de l'Église qui les a canonisés. Dumoulin n'y manque pas; c'est son droit. Pascal, en s'y refusant, a deux poids et deux mesures.

Les *Provinciales*, dans plus d'une page, quelquefois en français, plus souvent en latin, touchent à l'indécence. Chez un classique, on accepte tout, on ne mutile pas un chef-d'œuvre. Dumoulin doit être expurgé. L'encre rougirait, comme dit saint Augustin, si l'on voulait reproduire aujourd'hui ce qu'un ministre de l'Évangile imprimait en langue française en 1631. Il aurait pu dire, comme Pascal, aux auteurs qu'il cite :

« J'ai exposé simplement vos passages sans y faire presque de réflexion ; que si on est excité à rire, c'est que les sujets y portent d'eux-mêmes, car qu'y a-t-il de plus propre à exciter le rire que de voir une chose aussi grave que la morale chrétienne remplie d'imaginations aussi grotesques que les vôtres. »

Dumoulin, éloquent à sa manière, se borne à citer. Il ne veut pas composer un livre, mais réunir les pièces d'un procès :

« Celui qui, ayant voué d'entrer en religion, puis après, avant que d'acccomplir son vœu, couche avec une fille sous promesse de l'épouser, ne doit pas garder la promesse à la fille, mais accomplir son vœu. »

C'est ainsi que décide le dominicain Navarrus. Dans un auteur jésuite, Pascal en aurait tiré parti. Il ne serait pas difficile de l'y rencontrer. Les casuistes se copient souvent, mais en introduisant des variantes. Le jésuite Leyman traite le cas d'une fille chrétienne qui a fait vœu d'entrer en religion, s'il lui arrive de pécher contre la pureté. Cela lui arrive. Que doit-elle faire ? La question est plus complexe qu'elle n'en a l'air.

Revenons à Dumoulin.

« Celui-là n'est pas meurtrier qui, par zèle pour notre mère sainte l'Église, tue un excommunié. »

La décision est du pape Urbain V.

« Une courtisane ne fait pas mal de recevoir de l'argent pour salaire parce que, par droit humain, sa profession est permise. »

La décision est de saint Thomas.

« Le pape fait bien de permettre à Rome les maisons de prostitution. »

Le pénitencier du pape en donne une raison bien singulière : « Le pape, en ce faisant, imite Dieu ! » La pensée veut qu'on l'explique. Laissons parler le dominicain Navarrus.

« C'est en permettant les moindres maux pour éviter les grands. »

Navarrus ici s'éloigne de saint Augustin.

« Dieu, dit ce saint docteur, doit agir en Dieu et l'homme en homme. Dieu agit en Dieu lorsqu'il agit comme une cause première, toute-puissante et universelle, qui fait servir au bien commun ce que les causes particulières veulent et opèrent de bien et de mal; mais l'homme, dont la faiblesse ne peut faire dominer le bien, doit empêcher tout le mal qu'il peut. »

Dieu qui conduit les âmes sans leur montrer où il tend, permet, suivant Navarrus, et veut par conséquent, l'existence du mal ici-bas. Il a ses raisons qu'il faut croire bonnes ; or, pour chaque péché, il faut au moins un pécheur ; il est donc juste, dans certains cas, d'absoudre ceux qui, en acceptant ce mauvais rôle, travaillent à l'accomplissement des volontés de Dieu et, par une voie mystérieuse, servent ainsi au bien commun.

Si aucun acteur n'acceptait le rôle du traître, les plus belles tragédies deviendraient impossibles.

« Celui qui a fait vœu de ne jamais toucher femme d'attouchement malhonnête, peut être dispensé de ce vœu par l'évêque. »

« Les évêques, prêtres, moines, ne doivent être mariés. La permission de prendre femme ne peut leur être donnée, encore qu'ils confesseraient n'avoir don de continence. »

C'est le concile de Trente qui prononce ainsi.

« Celui qui a dérobé un bien incertain, c'est-à-dire un objet dont le propriétaire est inconnu, la restitution étant impossible, doit le distribuer aux pauvres; s'il est pauvre lui-même, il peut le garder. »

C'est l'opinion de Navarrus.

« Une femme qui a reçu argent pour salaire de paillardise n'est pas obligée à restitution, parce que cette action n'est pas contre la justice; non pas même si elle avait pris salaire outre le juste prix. »

Telle est l'opinion de saint Thomas; il a négligé de nous dire quel était, au XIII° siècle, le gain légitime d'une courtisane.

Lorsque Pascal s'écrie : « O mes pères, je n'avais ouï parler de cette manière d'acquérir ! » il n'avait pas lu saint Thomas.

C'est saint Thomas également qui dit :

« Pour sauver son honneur il est permis de tuer un homme, et un gentilhomme doit plutôt tuer que fuir ou recevoir un coup de bâton. »

C'est donc saint Thomas que, sans le savoir, Pascal met en cause quand il écrit :

« Les permissions de tuer, que vous accordez,

font paraître qu'en cette matière vous avez réellement oublié la loi de Dieu, et tellement éteint les lumières naturelles que vous avez besoin qu'on vous remette les principes les plus simples de la religion et du sens commun. »

Il est difficile de tout concilier. Judith, que le Saint-Esprit nous fait admirer, est allée trouver Holopherne, elle l'a excité au mal, abusé par des mensonges, et enfin assassiné. Un casuiste doit prévoir tous les cas. Le conseil de suivre simplement les préceptes du *Décalogue*, en l'absence de tout commentaire, ferait naître bien des difficultés.

« Celui-là n'est pas menteur, selon Navarrus, qui supplée dans son esprit quelque addition mentale sans laquelle il mentirait.

» Si un clerc interrogé à la porte d'une ville s'il a avec lui quelque chose de sujet à la douane et qu'ayant en effet quelque chose de cette nature, il répond que non, ayant dans sa pensée qu'il n'est point obligé à rien payer, (c'était un privilège des clercs) il ne fait point mensonge quoiqu'il entende sa réponse dans un autre sens que celui à qui il la fait ne l'entend. »

La décision est de Saint-Antonin.

« On poursuit un homme pour le tuer, on demande à un autre, qui l'a caché dans sa maison, s'il n'y est pas. Sauf meilleur avis, voilà la manière dont cet homme doit se conduire. Premièrement il doit s'abstenir de répondre, comme le dit saint Augustin; s'il prévoit que son silence sera pris pour un aveu, il tâchera de détourner le discours, ou bien il faut qu'il réponde par un équivoque, par exemple, *non est hic, id est non comedit hic*; par ce moyen, il trompera ceux qui l'écoutent sans commettre le péché de mensonge, parce que *est* quand il vint d'*edo* signifie il mange, aussi bien que *comedit*, et cela signifie dans l'esprit de celui qui interroge *cet homme n'est pas ici* et pour celui qui répond, *cet homme ne mange pas* ici. »

Cette ingénieuse direction d'intention est

recommandée par saint Raymond de Peñafort, mort en 1275.

Il est certain, ces citations ne peuvent laisser de doute, que les cas de conscience cités avec indignation par Pascal sont empruntés aux docteurs les plus illustres et aux saints les plus vénérés.

Suivons dans ses détails une discussion qui a fait quelque bruit.

Le jésuite Lessius a dit :

« Les biens acquis par une voie honteuse sont légalement possédés et on n'est pas obligé de restituer. »

La décision, suivant le Père Annat, est empruntée à saint Thomas, et Lessius en a informé le lecteur.

Wendroch, c'est-à-dire Nicole, dans l'édition latine qu'il donne des *Provinciales* après avoir relu Térence, le nie formellement, et, pour prouver son dire, renvoie au passage de saint Thomas. Écoutons saint Thomas, dit Nicole, 2. 2. 9. 32. art. v. Je fais ce qu'il demande et j'ouvre la Somme, *Secunda secundae*; nous y trouverons, en suivant l'indication de Nicole :

Tertio modo est aliquid illicite acquisitum non quidem quia ipsa acquisitio sit illicita, sed quia id ex quo acquiritur est illicitum, sicut patet de eo quod mulier acquirit per meretricium. Et hoc proprie vocatur turpe lucrum. Quod enim mulier meretricium exerceat, turpiter agit et contra legem Dei. Sed in eo quod accipit, non injuste agit nec contra legem, unde quod sic illicite acquisitum est retinere potest et de eo elemosynam fieri.

L'audace touche à l'impudence. Le texte auquel Nicole renvoie exprime en termes très clairs la proposition qu'il refuse d'y rencontrer. Comment l'expliquer? Par l'abus de la dialectique. On avait accusé Montalte de rendre Lessius responsable d'une décision que Lessius déclare empruntée à saint Thomas.

« Montalte, dit-il, en rapportant cet endroit de Lessius, a omis cette autorité de saint Thomas. On demande si, en cela, il a eu tort ou s'il a eu raison. Pour en décider, il n'y a qu'une chose à examiner : savoir si saint Thomas n'a pas distingué ce que Lessius assure qu'il ne distingue pas. S'il ne distingue pas, j'avoue que Montalte a eu tort de l'omettre, et que les jésuites ont raison de se plaindre. Mais, s'il distingue, il faut aussi que les jésuites avouent que Montalte a eu trop d'indulgence pour eux de leur pardonner une imposture si manifeste, que Lessius doit passer pour un faussaire, et le Père Annat pour un malavisé de se plaindre d'une chose dont il devrait avoir obligation à Montalte. »

Le raisonnement de Nicole peut se résumer ainsi : Est-il vrai que Pascal ait reproché à Lessius une décision empruntée par lui à saint Thomas avec indication de son origine?

Cela n'est ni contesté ni contestable. Mais Lessius a dit : « Cette décision est de saint Thomas qui condamne *sans distinctions...* »

Nicole lit saint Thomas; trouve dans le passage le mot *distinguer*; il ne veut chercher ni pourquoi ni dans quel sens saint Thomas distingue. Lessius est un faussaire; il a affirmé ce qui n'est pas; il n'en veut pas savoir davantage.

Quand l'un des auteurs de la *Logique de Port-Royal* raisonne ainsi, ce n'est pas faute de la connaître.

Si l'on adopte pour le mot jésuitisme le sens dont les *Provinciales* ont enrichi la langue française, celui de manque de franchise, le jésuitisme est dans les deux camps.

Lorsque les curés de Rouen s'intéressant les premiers à la querelle, et ceux de Paris, émus à leur tour par les révélations de Pascal, eurent la pensée, comme autrefois les Pères du concile de Nicée, de témoigner, en se bouchant les oreilles, leur horreur pour les casuistes qu'ils voulaient juger, l'assemblée du clergé prit la décision de répandre en France les avis aux confesseurs donnés par saint Charles Borromée, ce modèle des prélats, afin que cet ouvrage, composé par un si grand saint avec tant de lumière et de sagesse, se répandant dans les diocèses, puisse servir de règle et comme de barrière pour arrêter le cours des opinions nouvelles. Saint Charles était sévère jusqu'à renvoyer sans les entendre en confession les femmes qui se présentaient en cheveux frisés. On le savait ennemi des jésuites, d'ailleurs, jusqu'à leur avoir refusé, malgré l'insistance du pape, le droit de prêcher à Milan.

Les problèmes ingénieux du père Bauny ont étonné Pascal. Ceux de saint Charles Borromée sont stupéfiants. « S'il arrive, dit-il, que par *imprudence* on commette un péché — saint Charles le nomme, c'est la fornication, avec la sœur de son épouse — quelle doit être la pénitence ? » Elle est sévère, mais se réduit presque à rien lorsque le crime a été commis à l'insu du coupable. *Si probaberit se tale scelus inscienter fecisse.* Le cas doit être rare.

Le problème a eu l'honneur d'être proposé à un concile : la solution est inscrite dans le recueil des *Décrétales* réuni au XIII° siècle par Gratian. La traduction française le supprime.

Le franciscain Angelus Clavasio, non moins hardi dans ses hypothèses que saint Charles Borromée, semait comme lui, parmi ses instructions morales, d'ingénieux et amusants problèmes :

« Un pieux époux fait vœu de chasteté sans consulter son épouse qui ne peut l'ignorer longtemps. Elle n'en est nullement d'avis. »

La situation est délicate. Clavasio concilie tout sans s'écrier une seule fois comme Musset :

Je crois qu'une sottise est au bout de ma plume

Il en rencontre plus d'une cependant. Le lecteur désireux de les connaître prendra la peine de se procurer son livre; l'édition, épuisée aujourd'hui, a été publiée à Salamanque en 1494, chez le libraire de l'Université. Il y trouvera une dissertation sur les libertés permises entre fiancés.

« Celui qui demande trop, *sans motif raisonnable*, pèche mortellement; celui qui accorde (il faut lire celle, probablement), commet un péché véniel. Quand on a reçu un baiser, on peut le rendre : *Reddens non peccat*. Il ne faut rien exiger sans motif raisonnable avant la bénédiction. *Peccat mortaliter quoties exigit sine rationabili causa ante benedictionem.* »

Lorsque Juliette, étonnée et souriante, prononce ces mots difficiles à traduire :

You Kiss by the book

elle ne songe guère à la *Somme* de saint

Thomas. Roméo y songe moins encore : ils auraient pu y apprendre où et comment on doit poser ses lèvres en donnant un baiser pour que le péché soit véniel.

Les amis de Pascal connaissaient, mais ne lui disaient pas l'origine de ces dissertations classiques dans les séminaires. Il n'aurait pu, s'il les avait connues, faire dire à un Père jésuite :

« Ce qui nous a donné le plus de peine a été de régler les conversations entre les hommes et les femmes, car nos Pères sont très réservés sur ce qui regarde la chasteté; ce n'est pas qu'ils ne traitent des questions assez curieuses et assez indulgentes, principalement pour les personnes mariées ou fiancées. J'appris sur cela les questions les plus extraordinaires qu'on puisse s'imaginer; il m'en donna de quoi remplir plusieurs lettres, mais je ne veux pas seulement en marquer les citations. »

Les jésuites n'avaient qu'à copier.

Les affaires d'Abraham le conduisirent en Égypte; habitué aux sacrifices, il dit à Sarah, son épouse : « Je sais que vous êtes belle, quand les Égyptiens vous auront vue, ils me tueront et vous réserveront pour eux. Dites donc, je vous prie, que vous êtes ma sœur. »

Pharaon désira la belle Juive et la paya royalement. Son prétendu frère reçut des brebis, des bœufs, des ânes, des serviteurs, des servantes, des ânesses et des chevaux; beaucoup plus sans doute qu'elle ne valait. Pharaon la rendit quand elle eut cessé de plaire, et les dons reçus en échange accrurent les richesses d'Abraham.

On a osé reprendre Abraham du péché de mensonge tout au moins. Saint Augustin n'y veut pas consentir :

« L'action d'Abraham semble d'abord celle d'un mari qui livre sa femme au crime; mais elle ne paraît ainsi qu'à ceux qui ne savent pas distinguer, par les lumières de la foi, les bonnes actions d'avec les péchés. »

Le patriarche ne consentait pas à l'adultère de Sarah; mais, en cachant qu'elle était son épouse, son intention était que les étrangers ne le tuassent pas. Abraham avait de bonnes raisons pour ne pas vouloir être tué; saint Augustin les approuve : « Il craignait qu'après sa mort la belle Sarah ne fût traitée en captive. »

Il préférait que ce fût avant.

Saint Augustin, l'oracle des jansénistes, est précurseur de la morale facile. Pascal, nourri de l'Écriture, aurait pu dans ce souvenir, par respect pour un patriarche, sinon pour un si grand saint, trouver une excuse pour les jésuites.

L'habitude de réduire la charité en maximes de droit et, malgré le précepte de l'apôtre, de semer des questions infinies en appliquant, par d'ingénieuses fictions et comme par jeu d'esprit, aux problèmes de morale, les méthodes et les subtilités de la dialectique, est un fruit des habitudes scholastiques transportées des écoles dans les confessionnaux.

Deux époux peuvent-ils commettre ensemble le péché d'adultère ?

Astexanus, dans sa *Théologie morale*, publiée à Venise en 1492, propose et résout la question :

« Ce péché, d'espèce singulière, suppose une épouse assez passionnée pour regretter de ne pouvoir, par amour pour son cher époux, braver, en se donnant à lui, la pudeur et le devoir. »

Une Vénitienne, pénitente d'Astexanus, moins exceptionnelle peut-être qu'il ne l'a cru, lui a sans doute suggéré ce problème. Un amour désordonné pour son époux est, suivant saint Augustin, un attrait secret à en aimer d'autres.

L'Église, sous le nom d'usure, défend le prêt à intérêt. Quiconque exige plus qu'il n'a prêté est flétri du nom d'usurier. Le texte allégué est célèbre :

Mutuum date nihil inde sperantes.

Dans une société de chrétiens rigides, cette maxime gênerait les emprunteurs plus que les prêteurs; pour mieux dire, il n'y aurait plus de prêteurs. Quand un négociant serait en danger de mourir de faim, les voisins charitables lui feraient l'aumône d'un morceau de pain, sans consentir à lui prêter, sans intérêt, les dix mille francs qui pourraient le sauver. Astexanus dispense ingénieusement les fidèles de cette impraticable maxime. Escobar, sans doute, n'a pas connu l'argument, il l'aurait reproduit. Le texte sacré blâme l'usure, le sens n'a rien d'obscur, mais Astexanus n'y voit qu'un conseil; on a le droit de ne pas le suivre.

Prêtez sans espoir de gain, tel est le texte. Or, s'il est ordonné de ne rien gagner, la phrase entière est impérative. Elle ordonne donc de prêter; mais Dieu ne peut ordonner l'impossible. Comment, quand on n'a rien, obéirait-on au précepte? Comment supposer même que la loi divine ordonne à chacun dès qu'il possède une obole de l'offrir à un emprunteur? *Nihil inde sperantes* est donc un conseil comme *mutuum date* qui le précède.

Pour la seconde partie des *Provinciales* comme pour la première, on a élevé une question de fait. On peut la poser de plusieurs manières : Les citations sont-elles exactes? Leur interprétation est-elle conforme à l'esprit du texte? Les maximes condamnées sont-elles acceptées par les jésuites?

Il faut, sans hésiter, répondre : Oui. Les difficultés que l'on a élevées sont, comme disait familièrement Bossuet, de pures chicaneries.

On peut demander, en second lieu, si ces scandaleuses maximes sont antérieures aux jésuites? S'il est vrai qu'avant l'existence de la société, des docteurs éminents, quelques-uns canonisés par l'Église, aient approuvé celles que l'on condamne avec le plus de force; que d'autres auteurs, non moins respectés, aient donné l'exemple des scrupules indécents et des doutes ridicules dont Pascal a égayé ses lecteurs?

A ces questions les admirateurs de Pascal répondent : « Qu'importe? Ceux que Pascal accuse et dont il nous fait rire sont dangereux et ridicules, il l'a prouvé avec éclat; je n'ai pas à chercher s'il aurait droit d'en frapper d'autres avec eux. »

Il est permis d'insister : Pascal a-t-il traité cette question que l'on déclare insignifiante? L'opinion qu'il adopte est-elle contraire à la vérité? La réponse cette fois est délicate. Celui qui répond oui s'expose à être accusé et convaincu de mensonge. Sur de tels sujets, la plus petite inexactitude est redressée brutalement; on s'écrie en latin : *Mentiris impudentissime*; on parle en français d'odieuse calomnie; c'est l'usage! Heureux le coupable s'il n'est pas traité de jésuite! Vous dites que Pascal a posé la question, qu'il a décidé contrairement à la vérité! Où? Dans quelle lettre? A quelle page? Dans quelle ligne? Vous ne répondez pas! Vous vous dérobez! Vous êtes un calomniateur!

Celui qui, cependant, après examen, affirmerait que Pascal n'a ni résolu ni posé la question, manquerait de bonne foi.

Il en est comme des cinq propositions sur la grâce. Pascal n'affirme pas qu'elles ne sont pas dans Jansénius, mais le lecteur des premières *Lettres*, s'il a confiance en lui, tient pour certain qu'elles y sont introuvables.

Sur mille lecteurs des *Provinciales*, c'est par milliers qu'il faut les compter, il y en a mille, ou bien peu s'en faut, qui, faute de s'être informés ailleurs, regardent comme résolue et hors de discussion cette question qu'il ne traite pas.

Que l'on veuille bien relire la *Lettre V*, par exemple; il n'y est pas dit que les jésuites ont introduit la doctrine des opinions probables, mais la question n'y semble pas douteuse. Pascal, après une liste de quarante-huit noms bizarres et inconnus du lecteur, demande si tous ces gens sont chrétiens, puis ensuite s'il sont jésuites.

« Non, se fait-il répondre, mais il n'importe; ils n'ont pas laissé de dire de bonnes choses; ce n'est pas que la plupart ne les aient prises ou imitées des nôtres. »

Il est en règle avec la vérité : *La plupart les ont prises ou imitées!* Il a dit *la plupart*; il y en a donc d'autres; si quelques-uns ont précédé Loyola de plusieurs siècles, si ceux-là sont nombreux, si leurs noms sont illustres dans l'Église, peu importe; le lecteur est prévenu; il ne peut, sans se faire impudemment l'avocat des jésuites, se plaindre de l'avoir été si peu. Il est véritable cependant que la doctrine des opinions probables, antérieure à la société de Jésus, a été acceptée avant et après les *Provinciales* par l'immense majorité des casuistes, par saint Liguori particulièrement, mort en 1785, béatifié en 1816. La preuve a été faite vingt fois; beaucoup ont élevé la voix, personne ne s'est fait entendre. La question est déclarée sans intérêt, on la dédaigne, et quand l'occasion s'en présente, ce qui n'est pas rare, on la tranche contrairement à la vérité. Le jésuite Daniel, par un ingénieux artifice, a espéré attirer l'attention. Inutile travail! L'entreprise était impossible. Il faudrait rencontrer, s'est dit le Père Daniel, l'esprit mordant de Pascal, la perfection de son style, l'éclat de son génie, son art d'encadrer les citations dans un récit naturel et comique. Pourquoi pas? s'est-il dit; et, pour prouver que les autres ordres religieux, les dominicains, par exemple, sont tout aussi responsables que les jésuites des principes les plus honnis de la morale relâchée, il a eu et réalisé l'idée très ingénieuse de reproduire une des *Lettres* de Pascal, sans y rien changer, absolument rien, que les citations, remplaçant les passages extraits d'un auteur jésuite, par des passages équivalents, scrupuleusement copiés chez un jacobin.

La citation est longue, mais le lecteur ne s'en plaindra pas, elle sort d'une bonne main, c'est du Pascal. Daniel ne l'a pas affaiblie; il n'y a mis du sien que des noms et des textes, assez nombreux pour dissiper les doutes.

« Je fus ravi de voir tomber le bon Père jacobin dans ce que je souhaitais. Je le priai de m'expliquer ce que c'était qu'une opinion probable.

» — Nos auteurs vous y répondront beaucoup mieux que moi, dit-il; c'est, selon eux, une opinion qui est au moins appuyée sur l'autorité de quelque grand docteur. Voici comme en parle notre maître Jean Nider, dans son *Livre consolatoire de l'âme timorée* : *Tout homme peut avec sûreté suivre quelque opinion qu'il voudra, pourvu qu'elle soit de quelque grand docteur.*

» — Ainsi, lui dis-je, un seul docteur peut tourner toutes les consciences et les bouleverser à son gré et toujours en sûreté.

» — Il n'en faut pas rire, me dit-il, ni penser combattre cette doctrine. Quand les jansénistes l'ont voulu faire, ils ont perdu leur tems. Elle est trop bien établie. Écoutez notre Sylvestre Priéras, qui approuve cette belle sentence du *Panormitain* : *Celui qui suit l'opinion de quelque docteur sans l'avoir examinée fort exactement et à qui depuis elle paraît fausse, est excusé de péché tandis qu'elle n'a point paru fausse. Il suffit pour cela,* ajoute Sylvestre, *que par l'affection qu'il a pour son docteur, il juge probablement être vrai ce qui, en effet, est faux.*

» — Mon Père, lui dis-je, franchement je ne puis faire cas de cette règle. Qui m'a assuré que, dans la liberté que vos docteurs se donnent d'examiner les choses par la raison, ce qui paraîtra sûr à l'un le paraisse à tous les autres? La diversité des jugements est si grande...

» — Vous ne l'entendez pas, dit le Père en m'interrompant; aussi sont-ils souvent de différens avis : mais cela n'y fait rien, chacun rend le sien probable et sûr. Vraiment l'on sçait bien qu'ils ne sont pas tous de même sentiment, et cela n'en est que mieux. Ils ne s'accordent au contraire presque jamais : il y a peu de questions où vous ne trouviez que l'un dit oui, l'autre dit non; et, en tous ces cas là, l'une et l'autre des opinions contraires est probable : c'est pourquoi Diana, et cet auteur en vaut seul beaucoup d'autres, dit sur un certain sujet : *Ponce et Sanchès sont de contraire avis; mais parce qu'ils étaient tous deux sçavans, chacun rend son opinion probable.*

» — Mais mon Père, lui dis-je, on doit être bien embarrassé à choisir alors.

» — Point du tout, dit-il, il n'y a qu'à suivre l'avis qui agrée le plus.

» — Eh quoi, si l'autre est plus probable !

» — Il n'importe, me dit encore le Père; le voici bien expliqué par notre Père Jean-Baptiste Haquet : *Je dis qu'il est permis de suivre dans la pratique une opinion moins probable et moins sûre, soit que ce soit sa propre opinion, soit que ce soit celle d'un autre, pourvu qu'elle soit simplement probable.*

» — Et si une opinion est tout ensemble et moins probable et moins sûre, sera-t-il permis de la suivre, en quittant ce que l'on croit être plus probable et plus sûr?

» — Oui encore une fois. Est-ce que vous n'entendez pas le latin? *Minus probabilem et minus tutam.* Les termes sont exprès, et ce sçavant théologien ajoute que c'est le sentiment de nos grands docteurs Medina et Bannes *eam sententiam docent Medina, Bannes,* etc. Cela n'est-il pas clair?

» — Nous voici bien au large, lui dis-je, mon Révérend Père, grâces à vos opinions probables. Une belle liberté de conscience; et vous autres casuistes, avez-vous la même liberté dans vos réponses?

» — Oui, me dit-il, nous répondons aussi ce

qu'il nous plaît, ou plutôt ce qui plaît à ceux qui nous interrogent; car voici nos règles que notre maître Thomas Mercado explique admirablement. Ce qu'il dit sur cela dans son sçavant *Traité des Contrats* est remarquable.

» *De plus*, dit-il, *je puis donner en ami un bon conseil à un confesseur qui entendrait la confession d'un marchand, et ce sera le moyen de se procurer une grande liberté et une grande autorité. Le voici : C'est que si le confesseur suit et soutient une opinion, cela ne doit pas l'obliger à s'en servir pour la direction de son pénitent, supposé que celui-ci ne veuille pas la prendre pour règle ni la suivre, pourvu que la sienne soit probable et ait ses raisons et ses fondements. C'est assez que le confesseur lui conseille ce qu'il croit être plus certain, et ce qu'il approuve le plus. Mais, si son opinion ne plaît pas au pénitent et que ce qu'il a fait puisse se faire, comme étant approuvé de plusieurs bons auteurs, ce serait une extravagance et une grande arrogance au confesseur de refuser de l'absoudre, parce qu'il n'est pas de son avis. Quand, sur un contrat, les docteurs sont partagez, le pénitent peut choisir et suivre l'opinion qu'il jugera à propos. Je dis de même quand, hors de la confession, un théologien est consulté, si les opinions sont contraires, il lui est permis, sans danger, de suivre l'une ou l'autre et de décider comme il lui plaît, et quand lui-même serait dans l'opinion la plus probable, il ne peut pas obliger à la suivre celui qui le consulte : mais il doit seulement lui exposer simplement son avis, en l'avertissant cependant qu'en faisant le contraire il ne péchera point, parce qu'il y a plusieurs docteurs qui croyent la chose permise. Cela est net et décisif.*

» — Tout de bon, mon Père, votre doctrine est bien commode. Quoi, avoir à répondre oui et non à son choix! On ne peut assez priser un tel avantage et je vois bien maintenant à quoy vous servent les opinions contraires que vous avez sur chaque matière; car l'une vous sert toujours, et l'autre ne vous nuit jamais : et si vous ne trouvez votre compte d'un côté, vous vous jettez de l'autre, et toujours en sûreté. Et votre Père Mercado a raison de dire que cela donne à un directeur *une grande liberté et une grande autorité.*

» — Cela est vrai, dit-il, et ainsi nous pouvons toujours dire avec Diana, qui trouva le Père Bauny pour lui lorsque le Père Lugo lui était contraire : *Sæpe premente Deo fert Deus alter opem.* (Si quelque Dieu nous presse un autre nous délivre.)

» — J'entends bien, lui dis-je; mais il me vient une difficulté dans l'esprit. C'est qu'après avoir consulté un de vos docteurs et pris de lui une opinion un peu large, on sera peut-être attrapé, si on rencontre un confesseur qui n'en soit pas, et qui refuse l'absolution, si on ne change pas de sentiment; n'y avez-vous pas donné ordre, mon Père?

» — Vous êtes un étrange homme, reprit-il, vous écoutez ce que je vous dis sans nulle application. Dans l'endroit du docteur Mercado, que je viens de vous citer, n'a-t-il pas prévenu votre objection? et ne dit-il pas en termes formels, que *ce serait une extravagance et une grande arrogance au confesseur de refuser l'absolution à son pénitent, à cause qu'il n'est pas dans son opinion.* On a mis ordre à tout cela, et on a obligé les confesseurs à absoudre leurs pénitents qui ont des opinions probables, sous peine de péché mortel, afin qu'ils n'y manquent pas. Si vous n'êtes pas content de l'autorité du grand théologien que je viens de vous citer, je ne serai pas embarrassé à vous en citer d'autres de notre ordre. Vous sçavez ce que c'est que Louis Lopes et François Victoria?

» — Non, dis-je, je n'ai pas l'honneur de les connaître.

» — A ce que je vois, reprit-il, vous êtes bien neuf dans la théologie. Ce Victoria que je vous nomme *est*, dit Antoine de Sienne, auteur de notre bibliothèque, *un homme au-dessus de tous les éloges, et qui a brillé avec tant d'éclat dans l'école, qu'il a mérité d'être appelé par des personnes des plus illustres, la plus grande lumière de la théologie*. Après cela je crois que vous l'écouterez avec respect et docilité. Or, voici comme parle ce grand homme : *Je réponds que soit que le confesseur soit le propre prêtre du pénitent, soit qu'il ne le soit pas, il est obligé* (tenetur) *de l'absoudre en un tel cas, et cela se prouve évidemment. Un tel pénitent est en grâce et le confesseur juge probablement qu'il y est, parce qu'il sait que l'opinion qu'il suit est probable. Il ne doit donc pas lui refuser l'absolution.* Cela s'appelle non pas prouver mais démontrer. Écoutez maintenant Lopes qui ne lui cède guère en doctrine : *Cette conclusion se tire de Medina* (c'est encore un de nos fameux docteurs) *et il est évident par sa raison et par l'opinion qu'il soutient, que le confesseur ne peut refuser l'absolution au pénitent qui suit une opinion probable des docteurs, quoy que le confesseur croye que l'opinion contraire est plus probable; parce que le pénitent, puisqu'il a suivi une opinion probable, n'a point péché; il n'y a donc nulle raison de lui refuser l'absolution.* Et remarquez bien ces termes, *tenetur, non potest;* car dans le style exact de l'école, les casuistes ne parlent jamais ainsi que pour marquer une obligation sous peine de péché mortel, et leur raison le prouve; parce que ce serait faire une grande injustice au pénitent et dans une matière très importante. Êtes-vous content?

» — O mon père, lui dis-je, voilà qui est bien prudemment ordonné; il n'y a plus rien à craindre : un confesseur n'oserait plus y manquer. Je ne savois pas que vous eussiez le pouvoir d'ordonner, sous peine de damnation; je croyois que vous ne sçussiez qu'ôter les péchez, je ne pensois pas que vous en sçussiez introduire : mais vous avez tout pouvoir à ce que je vois.

» — Vous ne parlez pas proprement, me dit-il, nous n'introduisons pas les péchés, nous ne faisons que les remarquer. J'ai déjà bien reconnu deux ou trois fois que vous n'étiez pas bon scholastique.

» — Quoy qu'il en soit, mon Père, voilà mon doute bien résolu; mais j'en ai un autre à vous proposer, c'est que je ne sçais comment vous pouvez faire, quand les Pères de l'Église sont contraires au sentiment de quelqu'un de vos casuistes.

» — Vous l'entendez bien peu, me dit-il; les Pères étaient bons pour la morale de leur temps, mais ils sont trop éloignez pour celle du nôtre. Pesez bien ce raisonnement d'un de nos plus habiles théologiens, c'est Pierre de Tapia : *Touchant la qualité des auteurs, il faut distinguer; car ou ils sont anciens, ou ils sont modernes. S'ils sont anciens il faut voir si leurs opinions ont été constamment suivies ou si elles ont été abandonnées. Et si elles sont surannées... car si une opinion est maintenant communément abandonnée, on ne tient point compte de l'autorité ou du témoignage de son auteur, pour donner de la probabilité à cette opinion.*

» — Voilà de belles paroles, lui dis-je, et pleines de consolation pour bien du monde.

» — Nous laissons les Pères, me dit-il, à ceux qui traitent la positive : mais pour nous qui gouvernons les consciences, nous les suivons peu et ne citons dans tous nos écrits que les nouveaux casuistes. Voyez Diana qui a tant écrit : il a mis à la tête de ses livres la liste des auteurs qu'il rapporte : il y en a deux cent quatre-vingt-seize dont le plus ancien est depuis quatre-vingts ans.

» — Cela est donc venu au monde depuis votre ordre, lui dis-je?

» — Ah, bien longtemps après, me répondit-il ; car, à proprement parler, nos Sommes de cas de conscience ne passent pas deux cents ans.

— C'est-à-dire, mon Père, qu'environ vers ce temps-là on commença à voir disparaître saint Augustin, saint Ambroise, saint Jérôme et les autres, pour ce qui est de la morale ; mais au moins, que je sçache les noms de ceux qui leur ont succédé. Qui sont-ils ces nouveaux auteurs ?

» — Ce sont des gens bien habiles et bien célèbres, me dit-il ; c'est Villalobos, Conink, Llamas, Achokier, Deakofer, Dellacrux, Veracrux, Ugolin, Tambourin, Fernandes, Martines, Suares, Henriquez, Vasquez, Lopez, Gomez, Sanchez, de Vechis, de Grassis, de Grassalis, de Pitigianis, de Graffiis, Squillanti, Bizazeri, Barcola, de Bobadilla, Simancha, Perez, de Lara, Aldresta, Larca, Descarcia, Guaranta, Scophra, Pedrezza, Cabrezza, Bisbe, Diaz de Clavasio, Villagut, Adam à Manden, Iribarne, Binfeld Volfang à Veberg, Vostery, Steresdorf.

» — O mon Père, lui dis-je, tout effrayé, tous ces gens-là étaient-ils chrétiens ?

» — Comment chrétiens ? me répondit-il, ne vous disais-je pas que ce sont les seuls avec lesquels nous gouvernons aujourd'hui la chrétienté.

» Cela me fit pitié ; mais je ne lui en témoignai rien et lui demandai seulement si tous ces auteurs étaient jacobins.

» — Non, me dit-il, mais il n'importe, ils

n'ont pas laissé de dire de bonnes choses. Ce n'est pas que la plupart ne les ayent apprises ou imitées des nôtres; mais nous ne nous piquons pas d'honneur. Outre qu'ils citent nos Pères à toute heure et avec éloge; et puis si vous entendez bien votre doctrine de la probabilité, vous verrez que cela n'y fait rien. Au contraire nous avons bien voulu que d'autres que nous puissent rendre leurs opinions probables, afin qu'on ne puisse pas nous les imputer toutes; et ainsi, quand quelque auteur que ce soit en a avancé une, nous avons droit de la prendre, si nous le voulons, par la doctrine des opinions probables, et nous n'en sommes pas les garants, quand l'auteur n'est pas de notre corps.

» — J'entends tout cela, lui dis-je, je vois bien par là que tout est bien venu chez vous, hormis les anciens Pères, et que vous êtes les maîtres de la campagne. Mais je prévois trois ou quatre grands inconvénients, et de puissantes barrières qui s'opposeront à votre course.

» — Et quoi? me dit le Père tout étonné.

» — C'est, lui répondis-je, l'Écriture sainte, les papes, les conciles, que vous ne pouvez démentir et qui sont tous dans la voie unique de l'Évangile.

» — Est-ce là tout? me dit-il, vous m'aviez fait peur. Croyez-vous qu'une chose si visible n'ait pas été prévue, et que nous n'y ayons pas pourvu? Vraiment je vous admire de penser que nous soyons opposez à l'Écriture, aux papes et aux conciles : il faut que je vous éclaircisse du contraire. Je serais bien marri que vous crussiez que nous manquons à ce que nous leur devons. Vous avez sans doute pris cette pensée de quelques opinions de nos Pères qui paraissent choquer leurs décisions, quoique cela ne soit pas : mais pour en entendre l'accord, il faudrait avoir plus de loisir. Je souhaite que vous ne demeuriez pas mal édifié de nous. Si vous voulez que nous nous voyons demain, je vous en donnerai l'éclaircissement. »

Le probabilisme est la doctrine des jésuites; on s'en tient là; cela n'est pas juste. C'est aussi, nous venons d'en donner la preuve, celle des dominicains. Il faudrait à la condamnation associer le poète Lucain; n'a-t-il pas dit :

Victrix causa Diis placuit sed victa Catoni.

C'est du probabilisme pur.

Caton est un homme grave. Son appui rend probables les droits de Pompée.

Il y a quarante ans environ, c'était en 1851, je descendais le Rhône en bateau à vapeur ; j'avais rencontré un voyageur instruit des choses de science ; il parlait bien et avec bon jugement. Il admirait le théorème de Sturm sur les équations algébriques, et discutait savamment l'emploi, nouveau alors en métallurgie, de la combustion du gaz des hauts fourneaux. En approchant d'Avignon, quelqu'un, regardant la rive gauche du fleuve, s'écria : « Voilà le château des papes ! — Mais, répondit le voyageur, nous ne sommes pas à Rome ! » On lui rappela qu'il y avait eu des papes à Avignon ; il ne niait pas, mais réfléchissait. « Cependant, dit-il, s'il y avait eu des papes à Avignon, *cela se saurait !* »

Plus d'un lecteur, instruit comme ce voyageur, et comme lui de bon jugement, mais peu au courant de l'histoire de la théologie morale, continuera sans doute à se dire : si les maximes flétries par Pascal étaient celles des docteurs et des saints, approuvées par des papes et par des conciles, conseillées par tous les ordres religieux, *cela se saurait.*

La question de droit est la plus importante. La casuistique est-elle mauvaise en soi? Faut-il condamner les casuistes, les blâmer ou les absoudre? Les passages scandaleux cités par Pascal se trouvent dans leurs livres, incontestablement; l'appréciation en est fidèle. Est-il juste de tempérer par des circonstances atténuantes leur condamnation si fortement motivée? Nous avons rapporté d'étranges décisions, plus étranges encore quand on les lit dans les livres des saints. Mais c'est prendre le change, que juger comme des traités de morale des études sur les cas de conscience. La confession est obligatoire, il faut la rendre possible. Le prêtre n'a pas à guider seulement les consciences pures, les cœurs délicats et les âmes généreuses, il n'a pas d'anges à diriger. Les hommes ne peuvent tous passer leur vie dans la retraite et en prières; il doit leur supposer, parce qu'il en est ainsi, des vices qu'on ne nomme pas et des sentiments mauvais contre lesquels leur volonté ne peut rien. En se demandant où commence le péché mortel et l'infamie, il n'atténue en rien les maximes de l'Évangile; il ne se persuade pas qu'il y ait un degré de perfection inutile à dépasser dans lequel on soit en assurance. Les âmes n'évitent de tomber qu'en montant toujours; mais sans rien abandonner de la morale chrétienne, on distingue, pour ne décourager aucune bonne volonté, ce qui est de précepte et d'obligation indispensables, et ce qui est seulement de perfection et de conseil. Il faut supposer des esprits mondains, terrestres et grossiers, sans chaleur et sans élévation, plus effrayés des peines éternelles de l'enfer que soucieux des joies monotones du paradis, incapables d'une pensée généreuse, inaccessibles à un sentiment délicat, capables cependant de dévotion. On peut plier les deux genoux dans les églises, se présenter avec crainte au confessionnal, redouter d'y dissimuler un péché beaucoup plus que de le commettre, et en commettre de très graves. Il y avait jadis, il y a toujours, du bon grain et de l'ivraie dans la moisson du Seigneur, du froment et de la paille dans son aire, de bons et de mauvais poissons dans son filet. L'Église prie pour tous les pécheurs, n'en exclut aucun de son unité et veut embrasser tout le monde. Les méchants et les mauvais subsistent parmi les bons et les prédestinés. La foi n'est pas toujours ce qui leur manque. Tous sont reçus et appelés au tribunal de la pénitence, ils y montrent la laideur de leur âme, ils pèchent sans regret, même avec joie, et n'accusent que le diable qui s'en réjouit, quoique ennemi de la vérité.

Vous leur parlez de haïr le péché, ils le désirent; d'aimer le prochain comme eux-mêmes, le précepte ne leur paraît pas sérieux; de préférer Dieu à ses créatures, de n'aspirer qu'à sa gloire, de se plaire aux souffrances, ils ne comprennent pas; de grossir chaque jour le trésor de leurs mérites, ils repoussent ce genre d'avarice. Quand on se doit à tous, il faut s'accommoder aux méchants, ils sont nombreux. Serait-il charitable et prudent de leur dire, comme Daniel à Balthazar : Aux balances du Seigneur votre poids est trop léger? Le vrai trésor vous manque, c'est la grâce. *Discedite maledicti*; retirez-vous maudits! Où? Dans l'enfer; il est votre lot; le feu y est préparé pour votre âme depuis le commencement du monde. L'Église est plus accommodante et plus douce. D'un mauvais payeur, on tire ce qu'on peut. Pour qui ne peut accroître la gloire de Dieu, on implore sa miséricorde.

De telles gens, pour Pascal, sont comme n'étant pas; ils lui font horreur. C'est à eux que pensent les casuistes. L'entente est impossible.

L'étude des cas de conscience, pour celui qui veut, sans rien de plus, éviter le châtiment, ressemble fort à nos programmes du baccalauréat. Le casuiste, oubliant qu'il n'existe ni bornes ni limites dans les choses, veut marquer, sur la route du vice, le point qu'on peut atteindre sans danger, et le détail des chutes qui ne sont pas mortelles. Les rédacteurs des programmes d'examen, vrais casuistes de la science profane, marquent par exclusion le détail des ignorances tolérées. Le casuiste, en classant les péchés, ne les autorise ni ne les conseille. Le confesseur, auquel il s'adresse, les absout, mais les blâme. Les distinctions sont faites pour la classe très peu digne d'estime, de ceux qui semblables à Bartholo dont la probité suffisait pour n'être pas pendu, veulent avoir de la vertu, tout juste ce qu'il en faut pour n'être pas damné.

La casuistique est un mal. Tous les esprits

honnêtes et droits en conviennent. Les casuistes en tombent d'accord, mais la malice des hommes et la prétention de les diriger tous rend ce mal nécessaire. Les confesseurs, au moins, n'en doutent pas, et ceux qui font la guerre aux casuites, la déclarent à la confession.

« Lorsque, dit Bossuet, nous formons tant de doutes et tant d'incidents, que nous réduisons l'Évangile et la doctrine des mœurs à tant de questions artificieuses que faisons-nous autre chose sinon de chercher des déguisements ! et que servent tant de questions sinon à nous faire perdre parmi les détours infinis la trace toute droite de la vérité? Ces pécheurs subtils et ingénieux qui tournent l'Évangile de tant de côtés, qui trouvent des raisons de douter sur l'exécution de tous les préceptes, qui fatiguent les casuistes par leurs consultations infinies, ne travaillent ordinairement qu'à nous envelopper la règle des mœurs. Ce sont des hommes, dit saint Augustin, qui se tourmentent beaucoup pour ne trouver pas ce qu'ils cherchent; ou plutôt ce sont ceux dont parle l'apôtre, qui n'ont jamais de maximes fixes ni de conduite certaine, qui apprennent toujours et cependant n'arrivent jamais à la science de la vérité. A Dieu ne plaise que nous croyions que la doctrine soit toute en questions et en incidents! L'Évangile nous a donné quelques principes, il nous a appris quelque chose, son école n'est pas une académie où chacun dispute ainsi qu'il lui plaît. Qu'il puisse se rencontrer quelquefois des difficultés extraordinaires, je ne m'y veux pas opposer; mais, pour régler votre conscience sur la plupart des devoirs, la simplicité et la bonne foi sont deux grands docteurs qui laissent peu de choix indécis pour subtiliser sans mesure. Aimez vos ennemis! Faites-leur du bien! Mais c'est une question, direz-vous, ce que signifie cet amour, si aimer ne veut pas dire, ne les haïr point; et pour ce qui regarde de leur faire du bien, il faut savoir dans quel ordre, et s'il ne suffit pas de venir à eux après que vous aurez épuisé votre libéralité sur tous les autres; et alors ils se contenteront, s'il leur plaît, de vos bonnes volontés. Raffinements ridicules! Aimer, c'est-à-dire aimer.

» Qui donc a produit tant de doutes, tant de fausses subtilités sur la doctrine des mœurs si ce n'est que nous voulons tromper et être trompés? De là tant de chicanes et tant d'incidents qui raffinent sur les chicanes et les détours du barreau. Tout cela pour obscurcir la vérité. C'est pourquoi saint Augustin a raison de comparer ceux qui les forment à des hommes qui frappent sur la poussière et se jettent de la terre aux yeux. Et quoi? vous étiez dans le grand chemin de la charité chrétienne, la voie vous paraissait toute droite et vous avez soufflé sur la terre! Mille vaines contentions, mille questions de néant se sont excitées qui ont troublé votre vue comme une poussière importune, et vous ne pouvez plus vous conduire : un nuage vous couvre la vérité, vous ne la voyez qu'à demi. »

Ainsi parle Bossuet. Ainsi pourrait parler le casuiste le plus subtil. Nos études, dirait-il, doivent porter sur l'exception; plût à Dieu qu'aucun d'entre vous n'eût d'hésitations et de doutes ou qu'il sût les résoudre tout simplement, par l'application courageuse de la règle. Mais, comme le dit Bossuet, il peut se rencontrer des difficultés extraordinaires; le casuiste, bien ou mal, mais le mieux qu'il peut, enseigne à les résoudre. Il doit les aborder toutes et ne se scandaliser de rien.

Un vieil auteur italien récite le conte d'un curé du moyen âge, gardien sévère des convenances du langage, qui, dans la confession des péchés quels qu'ils fussent, imposait la plus scrupuleuse décence. Assez bon clerc pour savoir que les définitions de mots sont arbitraires et n'espérant rien changer aux choses, il avait attaché à des mots très honnêtes et à des locutions irréprochables un sens convenu qui l'était moins. Les garçons de la paroisse parlaient couramment ce langage et volontiers l'enseignaient aux filles.

L'évêque en tournée pastorale voulut, la veille d'une grande fête, faire lui-même la confession. L'absolution ne fut refusée à personne. Le lendemain, il félicitait le curé sur les excellentes mœurs de la paroisse. Ne pouvant croire que monseigneur voulût railler, le bon curé devine la vérité et révèle en latin le sens convenu de quelques mots souvent répétés la veille. L'évêque comprend tout, se précipite dans l'église, arrête d'un geste impérieux le groupe des jeunes filles marchant déjà vers la sainte table, et leur crie : « Doucement! *Piano, piano Giovinette che...* » Puis résumant leurs confessions dans la langue claire et précise de Boccace, il ordonne au curé d'appeler à l'avenir chaque chose par son nom.

Il paraît juste de chercher s'il est impossible, quand on s'adresse à des gens dont la perfection n'est ni la prétention ni le but, d'excuser quelquefois la molle indulgence dont s'indigne Pascal. Une action blâmable est commise et avouée, il ne s'agit plus de la conseiller, mais de la pardonner, si le pouvoir de délier le permet. Il est facile d'imaginer quelques exemples.

— L'archevêque de Grenade n'est pas un saint. On le dit avare; il aime les présents et s'en montre reconnaissant. Les fleurs dans le jardin du curé Diégo sont les plus belles et les fruits les meilleurs du monde; son plaisir est de les donner : Monseigneur n'est pas oublié. Un bénéfice devient vacant; l'archevêque le confère à Diégo qui se réjouit avec inquiétude. Ses beaux fruits ont plaidé pour lui; c'est pour cela peut-être qu'il les envoyait.

N'est-il pas simoniaque? Il consulte le casuiste Valentia qui lui ordonne d'accepter. Dans sa conduite rien ne semble blâmable; le choix de l'archevêque est excellent; Diégo a porté sur son supérieur un jugement téméraire, c'est le péché dont il veut l'absoudre, et Valentia écrit sur ses tablettes cette note que Pascal lui reprochera :

« Si un présent devient le motif qui porte la volonté du collateur à conférer un bénéfice, ce n'est pas simonie. »

— Le bénéfice conféré à Diégo est grevé d'une rente viagère en faveur d'un vieux chanoine. Le curé Diégo reste fort gêné; le chauffage de ses serres, l'entretien de ses réservoirs et de ses canaux dépasse ses ressources. Il faudrait, pour les réparer, réduire ses aumônes, il n'y veut pas songer; mais en voyant souffrir son beau jardin, il s'écrie, moitié riant, moitié sérieux : — Ce vieux chanoine vit bien longtemps! Heureusement, ajoute-t-il, que les souhaits ne tuent pas, il serait en danger. »

Diégo a manqué de charité. Il veut s'en confesser. Valentia lève les épaules.

— Xipharès aurait donné sa vie pour sauver celle de son père, mais la mort de Mithridate rend possible un hymen qu'il n'espérait plus. Son amour pour la belle Monime est accru par deux ans de silence; il est aimé; la joie dissipe sa tristesse.

— Cléante, fils d'Harpagon, aime Mariane. Il sait qu'il dépend de son père, que le nom de fils le soumet à ses volontés, qu'on ne doit pas engager sa foi sans le consentement de ceux dont on tient le jour, que le ciel les a faits maîtres de nos vœux, et qu'il nous est enjoint de n'en disposer que par leur conduite. Il renonce par déférence ou par nécessité à un mariage que son père n'approuve pas. Un mal foudroyant emporte Harpagon; Cléante devient libre, le mariage se fera. L'espérance adoucit sa douleur, il s'accuse devant Escobar de ne pouvoir être triste.

Moins habile que Racine à peindre le cœur humain, le jésuite le connaît mieux encore. Le cas pour lui n'a rien de grave. Diverses passions peuvent agiter en même temps notre âme; il n'est pas besoin d'avoir lu Montaigne pour le savoir. Il rassure le jeune homme, et dans son zèle pour les cas d'apparence paradoxale, il écrit sur ses tablettes :

« Un bénéficier peut désirer la mort de celui qui a une pension sur son bénéfice, et un fils celle de son père et se réjouir quand elle arrive, pourvu que ce ne soit que pour le bien qui lui en revient et non par une haine personnelle. »

Pascal s'indignera et le lecteur frémit. Sur la route où on lui fait faire un premier pas, il croit, dans le lointain, apercevoir le parricide; c'est horrible! j'en conviens, mais ce n'est pas Escobar qui est horrible, c'est le cœur humain.

Quand un fils, irréprochable d'ailleurs, s'accuse de n'être pas assez triste de la mort de son père, peut-on lui ordonner de l'être et désespérer de son salut?

La question renaît, toujours la même. Escobar veut rendre possible à tous l'absolution dans ce monde, le salut dans l'autre. Pascal s'écrie : « Les âmes grossières auxquelles vous prétendez ouvrir le paradis sont indignes d'en-

tourer celles des justes; elles me font horreur. »
C'est en enfer qu'il veut envoyer ces infâmes,
avec les va-nu-pieds rebelles à leur roi, qu'au
temps de son enfance M. de Gassion faisait
pendre à Avranches.

— Les parents du pieux étudiant Fernand
l'ont confié au professeur Bartholo. L'épouse
de Bartholo, Padilla, jeune, jolie et coquette,
se montre bienveillante pour Fernand; il se
croit en danger, et ne se trompe pas. Il consulte Escobar : Doit-il renoncer aux leçons de
Bartholo, imposer à ses parents un nouveau
sacrifice? Faire planer par sa fuite, dont il faudra
leur dire le motif, des soupçons injurieux sur
Padilla? Les regards qui l'inquiètent sont
peut-être innocents, et, dans les mots à double
sens, il est charitable d'adopter le meilleur.
Escobar l'engage à ne pas fuir. « On ne va pas
à Dieu avec des pas, a dit saint Augustin, mais
avec une volonté courageuse et forte. » Il faut
demander la grâce de bien combattre, et pour
triompher des tentations, redoubler de zèle
pour l'étude. Fernand restera donc exposé
au péril qui, suivant les paroles du sage,

peut donner la mort aux plus courageux. Escobar écrit sur ses tablettes :

« On ne doit pas refuser l'absolution à ceux qui sont engagés dans des occasions prochaines du péché quand ils ne pourraient les quitter sans bailler au monde sujet de parler ou sans en recevoir d'incommodité. »

Saint Thomas n'est pas plus sévère. Il conseille d'éviter de se rencontrer avec la personne qui fait naître les tentations, de les combattre et de ne pas rendre les occasions si fréquentes qu'elles soient un péché.

Le professeur de morale de Salamanque en 1493, était plus précis et plus large : « Si ceux, qui, par nécessité, se trouvent engagés à demeurer dans un même logis et qui sont pris d'amour, se confessent, se repentent, promettent de s'abstenir et toutefois retombent, peut-on les absoudre sans les séparer? » Il répond que si la résistance est telle qu'elle obtienne quinze ou vingt fois plus de victoires que de chutes on doit les absoudre sans séparation.

Le Père Bauny a copié le professeur de Salamanque et l'indignation de Pascal n'a foudroyé que le jésuite.

— Le beau Fernand brille dans les luttes de l'école. Ses arguments subtils réduisent un adversaire au silence; l'adversaire répond par un soufflet. Fernand n'ignore pas qu'il a été ordonné de tendre l'autre joue et que Dieu lui en saurait gré; il devine même, chance heureuse, que cet acte de vertu rendrait moins doux et moins dangereux les regards de Padilla; il sait aussi que, dans le monde, celui qui a reçu un soufflet est réputé sans honneur jusqu'à ce qu'il ait tué l'offenseur. Si, sans désir criminel de vengeance, il peut satisfaire au respect humain et suivre la loi du siècle, il se risquera. Il consulte Escobar :

« La piété et l'honneur, répond le Père, ne sont opposés qu'en apparence. Les innocents, sans cela, exposés chaque jour à de nouvelles insultes, resteraient sans défense contre la malice des insolents. Exigez des excuses. Si l'adversaire refuse, vous pourrez l'appeler sur le terrain, le péché retombera sur lui. »

Fernand rassuré provoque l'offenseur et le tue, non dans l'intention de rendre le mal pour le mal, mais pour sauver son honneur et défendre sa vie. Escobar lui donne l'absolution et écrit sur ses tablettes :

« Si un gentilhomme se trouve en telle situation que, s'il refuse un duel, on puisse croire que c'est par timidité, et qu'ainsi on dise de lui que c'est une poule et non pas un homme, il peut, pour conserver son honneur, se trouver au lieu assigné. »

Pascal sur ce passage intéressera la piété du roi contre ses adversaires, admirant qu'il emploie sa puissance à défendre et à abolir le duel dans ses États, tandis que la piété des jésuites occupe leurs subtilités à le permettre et à l'autoriser dans l'Église.

— Padilla, rebutée par Fernand, peut-être fatiguée de lui, distingue fra Eugenio, vicaire de sa paroisse. Elle le prend pour directeur et lui avoue, sans prononcer de nom, que son cœur brûle d'un amour criminel. Fra Eugenio lui conseille de pieuses lectures, la conduit dans sa bibliothèque, et pour combattre les mauvaises pensées, lui prête les oraisons de sainte Thérèse. Padilla, sans rien combattre, revient le lendemain chercher son éventail qu'elle a oublié exprès. Eugenio n'a pas le don de continence. Une heure après, il court chez Escobar se confesser d'un crime. Les bornes sont dépassées, l'indulgence serait forfaiture. Escobar indigné s'échauffe d'un zèle dévot, il lui montre l'enfer entr'ouvert et lui fait honte de la joie qu'il procure aux démons. Eugenio l'écoute muet et confus. Mais on l'attend pour célébrer la messe. Escobar songe à tout. Le scandale est un mal de plus. Saül n'a-t-il pas dit à Samuel : Honorez-moi devant le peuple. « — Cachez, dit-il, votre infamie et la honte de votre fille spirituelle ; je vous donne l'absolution. Vous ne la méritez guère ; mais hâtez-vous. » Et comme Escobar étudie toujours, il écrit sur ses tablettes :

« Un prêtre peut-il dire la messe le même jour qu'il a commis un péché mortel, et même des plus criminels, en se confessant auparavant? Non, dit Villalobos, à cause de son impureté;

mais Sancius dit que oui, et sans aucun péché; et je tiens son opinion sûre et qu'elle doit être suivie dans la pratique : *et tuta in praxi.* »

« — Quoi, mon père, s'écriera Pascal, on doit suivre cette opinion dans la pratique! Un prêtre qui serait tombé dans un tel désordre oserait-il s'approcher de l'autel le même jour, sur la parole d'Escobar, et ne devrait-il pas déférer aux anciennes lois de l'Église qui excluaient à jamais du sacrifice ou tout au moins pour un long temps, les prêtres qui avaient commis des péchés de cette sorte, plutôt que de s'arrêter aux nouvelles opinions des casuistes qui les y admettent le jour même qu'ils y sont tombés? »

L'indignation de Pascal est sincère et juste, mais il importe de ne pas faire de confusion. Escobar s'est indigné comme Pascal; le crime est horrible. Est-ce une raison pour que la paroisse soit privée de la messe? La mesure est difficile à garder. Wiclef en assurant qu'on n'est plus ni roi, ni seigneur, ni magistrat, ni prêtre, ni pasteur, dès qu'on est en péché mortel, a également renversé, suivant Bossuet, suivant Pascal aussi probablement, l'ordre du monde et celui de l'Église, et rempli l'un et l'autre de sédition et de trouble.

— Le Père Parennin, missionnaire en Chine, a pris sur lui, par prudence humaine, d'adoucir pour ne pas les rendre impraticables à ses catéchumènes, quelques-unes des prescriptions de la loi chrétienne.

Les Chinois ont un certain maître, fort savant en philosophie morale, qui est mort il y a longtemps, nommé Confucius, lequel, pour sa doctrine, ses règles et enseignements est en si haute estime dans le royaume, que tous, soit rois ou autres de quelque qualité, condition et rang qu'ils soient, se le proposent comme un exemple à imiter et à suivre, l'honorent et le louent comme saint, et il y a dans toutes les villes et bourgs des temples érigés en l'honneur de ce maître, dans lesquels les gouverneurs sont tenus, deux fois l'année, d'offrir sacrifice solennel, faisant eux-mêmes fonctions de prêtres, et durant le cours de l'année, deux fois le mois, sans solennité, et quelques savants se trouvent là pour assister les gouverneurs en l'administration des choses qu'il faut qu'ils offrent en tel sacrifice, qui sont un pourceau entier mort, une chèvre entière, des chandelles, du vin, des fleurs, des parfums.

Quelques gouverneurs convertis et quelques lettrés désignés pour assister au sacrifice ne peuvent s'y refuser sans grand dommage pour leur famille et pour eux-mêmes. Parennin, pour ne pas mériter le reproche que Jésus-Christ faisait aux pharisiens, et ne pas imposer aux fidèles Chinois des fardeaux dont la charge les empêcherait d'aspirer au ciel, crut prudent de leur conseiller cette subtile invention de cacher sous leurs habits une image de Jésus-Christ à laquelle il leur enseignait de rapporter mentalement les adorations rendues à Confucius. N'est-ce pas là autoriser l'idolâtrie? Pascal n'en fait nul doute et, parmi les égarements qu'il dénonce, aucun ne lui semble plus odieux. Parennin, de retour en Europe, a des scrupules; il consulte Escobar. Le Père lui présente la Bible ouverte au livre des *Rois* :

« Naaman dit à Elisée : Il faut faire ce que

vous voulez; mais je vous conjure de me permettre d'emporter la charge de deux mulets de la terre de ce pays; car votre serviteur n'offrira plus à l'avenir des holocaustes ou des victimes aux dieux étrangers, mais il ne sacrifiera qu'au Seigneur. Il n'y a qu'une chose pour laquelle je vous supplie de prier le Seigneur pour votre serviteur, qui est que, lorsque le roi, mon seigneur, entrera dans le temple de Remmon pour adorer, étant appuyé sur ma main, si j'adore dans le temple de Remmon lorsqu'il adorera lui-même, que le Seigneur me le pardonne.

» Elisée lui répondit : « Allez en paix. » Je ne dois pas, dit Escobar, être plus sévère qu'Elisée. »

Pascal, sans accepter d'excuse, aurait condamné Naaman.

— Le vieil Antonio a fait fortune. Ses neveux, depuis lors, l'impatientent par leurs attentions. Un jour, sur la promenade publique, Antonio, entouré de ses parents, regarde la cathédrale et dit à haute voix : « Je vois mon légataire universel. » Antonio laissait tout son bien au trésor de l'Église. Riant de sa malice, mais craignant d'avoir péché contre la sincérité, il va consulter

Escobar. « Vous n'avez pas menti, répond le casuiste; tant pis pour vos parents, s'ils ont mal compris. » Et sans remords de conscience, il partagea la gaieté d'Antonio. S'ils sont excusables, et c'est mon sentiment, on peut quelquefois, sans péché mais non sans mensonge, employer la parole à faire croire le contraire de la vérité.

Je cache un proscrit; on me demande indiscrètement si je connais sa retraite; il faut mentir, c'est devoir. Répondre, pour respecter la vérité : je sais où il est, mais ne puis le dire, serait trahison. L'homme, une heure après, serait découvert. Si cependant, voulant éviter ce reproche de mensonge, dont nous sommes, suivant Montaigne, plus offensés que de nul autre, je me dis : J'ignore dans quelle chambre il habite, dans quelle allée du jardin il se promène, je ne sais vraiment pas par conséquent où il est; c'est niaiserie. On peut en sourire; mais si, à cette niaiserie, s'associe le respect, même stérile, de la vérité qu'on trahit, le sourire doit être indulgent. Le mensonge quelquefois est obligatoire. Dans les cas ordinaires, est-il excusé par les restrictions mentales?

Aucun casuiste ne l'enseigne, pas même des plus relâchés. Ceux qui leur prêtent cette doctrine sont des disciples sans intelligence ou des adversaires sans équité. L'idée qu'il est possible d'induire son prochain en erreur sans commettre le péché de mensonge a fait le sujet d'un conte amusant :

Un jésuite, mêlé à de graves intérêts et à une situation délicate, y trahit par des assertions à double sens, ceux qui lui donnent confiance, et, certain de mériter l'absolution, s'écrie avec un pieux orgueil, après chacune de ses impostures : « Un jésuite ne ment jamais ! »

L'histoire est plus piquante que juste. Dieu peut, d'après les théologiens, faire croire l'erreur, en disant la vérité en figures. Il ne permet pas qu'on l'imite.

— Gonzalve est plus pieux que zélé. Chaque dimanche, il se propose d'entendre la messe mais se laisse détourner par des causes que, sans grande exagération, il ne pourrait qualifier de majeures. Son exactitude tout à coup devient exemplaire. Le curé de la paroisse l'en félicite. Gonzalve, pour repousser une louange imméritée, avoue que s'il n'a garde de manquer la messe, c'est que, chaque dimanche, il y rencontre la belle Béatrice dont il n'ose encore demander la main ; en épiant les regards de la charmante fille, il a souvent la joie de les voir s'arrêter sur lui.

Le curé, pour juger ces regards échangés tout au moins mal à propos, demande le temps de se mieux informer ; mais, en faisant sur ce point des réserves, il se réjouit du bon résultat ; il a lu dans un auteur grave : *Si audis missam volens te delectare aspectu puellæ præsentis satis facis præcepto.* C'est bien le cas de Gonzalve. Il satisfait à la règle, on ne saurait le contester. Pascal cependant trouve qu'on l'élude, et s'en indignerait s'il ne craignait de tarir par un éclat, la source des confidences.

« — En vérité, s'écrie-t-il, je ne le croirais jamais si un autre me le disait. »

Le sixième commandement s'adresse à tous, et c'est après la bénédiction nuptiale, a dit un Père de l'Église, que la concupiscence tend parfois ses pièges les plus dangereux. La pieuse

Dolorès craint de l'avoir oublié; effrayée par tant de périls, quelques semaines après son mariage, rougissante mais résolue, elle se présente à Sanchez pour confesser ses scrupules.

« L'Église, répond le célèbre auteur du traité sur le mariage, conseille la prudence et ordonne la réserve dans l'usage des plaisirs permis, mais il est des moments où Dieu pardonne à ceux qui l'oublient. Il ne faut rien exagérer. »

Dolorès n'en a nulle envie. C'est pour user de ses droits qu'elle veut s'en instruire. Sanchez, sans descendre au détail, lui explique les principes; il ne se fait pas comprendre. Dolorès est intelligente, mais, en philosophie, tient pour les Nominaux. Les idées générales n'existent pas pour elle, elle veut tout particulariser et tout dire. Sanchez l'écoute, c'est son devoir. Il remercie Dieu, quand elle s'éloigne, d'avoir introduit dans son livre les étranges problèmes dont Pascal a détourné les yeux avec raison; ils s'adressent aux seuls confesseurs, qui pourraient s'étonner et rougir si on laissait à leurs pénitentes le soin de leur en révéler le détail.

— Possidius, évêque de Calame, voulait interdire aux dames chrétiennes de son diocèse les étoffes d'or et de soie. Ces dames résistaient. Saint Augustin consulté décida pour elles. Les chrétiennes de Calame continuèrent, sans craindre pour leur salut, à lutter d'élégance, au risque de vaincre, avec celles qui n'avaient ni la foi chrétienne ni l'humilité. Pascal aurait approuvé Possidius.

« Que répondre, s'écrie-t-il, aux passages de l'Écriture qui parlent avec véhémence contre les moindres choses de cette nature! »

L'interlocuteur des *Provinciales* répond faiblement à son ordinaire. Lessius, dit-il, y a doctement satisfait en disant que les passages de l'Écriture n'étaient de précepte qu'à l'usage des femmes de ce temps-là pour donner par cette modestie un exemple d'édification aux païens.

L'Écriture fournit à saint Augustin des appuis moins fragiles. La sainte femme Rebecca a accepté et porté pour s'embellir des boucles d'oreille et des bracelets. Judith, dans sa superbe beauté, parée comme on fait un temple, avait, en sortant de Béthulie, une coiffure magnifique, une chaussure très riche, des bracelets, des lis d'or, des pendants d'oreille, des bagues et d'autres bijoux encore, car l'Écriture ajoute : « elle se para de tous ses ornements ».

La Bible fournirait des exemples plus édifiants, mais celui de Judith n'est pas à rejeter. Il n'est pas dit et il n'est pas croyable que Judith ait acheté ces bijoux pour mieux triompher d'Holopherne. *Elle se para de tous ses ornements*; elle les possédait donc et s'en était servie déjà, non pour tendre des pièges, mais pour satisfaire, sans mauvaise intention, l'inclination naturelle qu'on a à la vanité. Cette innocente faiblesse ne l'empêchait pas d'être, avant, autant au moins qu'après sa compromettante expédition, la femme la plus respectée qui fût dans Israël.

— Pendant le siège de Paris, au temps de la Fronde, Port-Royal traversa de difficiles épreuves. Des partisans sans aveu couraient le pays, faisant la guerre aux marchands et aux laboureurs en imposant à tous taille et rançon. Au pieux fondateur de l'abbaye de Saint-Cyran ils n'avaient laissé que sa chemise; effrayées par cet exemple, les religieuses de Port-Royal des-Champs se retirèrent à Paris. Les messieurs les remplacèrent dans l'abbaye.

On construisit, pour rendre l'abord plus difficile, de petites tours le long des murailles en prenant occasion de répéter et de placer à propos les paroles de la Bible : *Circumdate Sion et complectemini eam.*

Narrate in turribus ejus.

On récitait avec une pieuse émulation tous les textes belliqueux de la sainte Écriture; on se comparait au peuple de Dieu qui, bâtissant Jérusalem, tenait la truelle d'une main et l'épée de l'autre. Ce pieux divertissement élevait les âmes. Quoique aucune voix venue du ciel ne se fît entendre pour mêler aux citations les paroles non moins connues : *Hoc fac et vinces,* on ne doutait pas de la victoire.

M. de Pontis, M. de Petitière, M. de Beaumont, M. de la Rivière, M. de Berry et plusieurs, autres vieux capitaines et vieux routiers, reprenaient le ton du commandement et le langage de leur ancien métier. On faisait grand'garde toutes les nuits. Au lieu du pieux souhait : Dieu vous garde! les murs du monastère entendaient répéter : Sentinelle, prenez garde à vous!

M. Le Maître, l'illustre avocat, l'épée au côté et le fusil sur l'épaule devenait l'effroi des soldats. M. de Sacy seul refusait de prendre le mousquet.

Un jour, après avoir dit la messe à la petite troupe en armes, il leur demanda : « Si les brigands se présentent, que ferez-vous? » On ne sait jamais ce qu'on fera ; ce qu'on voulait faire n'était pas douteux.

« Les lois humaines, dit M. de Sacy, permettent de repousser la force par la force; Dieu, dont les vues adorables sont infiniment élevées au-dessus de celles des hommes, enseigne un devoir plus sacré, c'est le respect de la vie humaine. Saint-Paul a dit : Tuer pour empêcher qu'il y ait un méchant, c'est en faire deux. Les chrétiens égarés ne sont pas des loups; il faut tirer en l'air. »

La solidité de ce sentiment parut douteuse : au lieu d'effrayer les brigands, on pouvait, en les irritant, les exciter au sang et au feu. Le Seigneur, disait-on, permet l'usage des armes. Les Machabées en sont la preuve. En détruisant les créatures par une triste nécessité, on peut adorer le Créateur. Pascal, voulant jeter la sonde dans cet abîme, hésite à son tour et ne conclut pas : Que dira-t-on qui soit bon? De ne point tuer? Non, car les désordres seraient horribles et les méchants tueraient les bons. De tuer? Non, car cela détruit la nature. M. Singlin partageait les scrupules de M. de Sacy. M. Le Maître tenait pour le droit de défense. Devant le conflit d'autorités si hautes, les solitaires, en les respectant sans les accorder, se demandaient si deux opinions contraires ne peuvent pas, par exception, devenir à la fois probables.

Les jansénistes les plus sévères sur les principes faiblissent quelquefois dans l'application.

— M. Arnauld d'Andilly, frère respecté de la mère Angélique et oncle de MM. de Sacy et Le Maître, avait décidé de finir ses jours à Port-Royal et de mourir sous le saint joug. Ce témoignage d'estime et de confiance était un honneur pour la maison, et l'arrivée d'un tel hôte une fête pour tous. Il avait laissé paraître le désir d'avoir pour secrétaire M. Fontaine, qui, fils d'un ancien maître à écrire, avait comme son père, *une très belle main*. M. Manguelin et M. Le Maître qui souvent mettait à profit pour lui-même la bonne volonté toujours prête de l'habile copiste, ne désiraient nullement le consacrer tout entier au service de M. d'Andilly. Ne voulant pas, cependant, répondre par un refus à la première demande d'un personnage aussi important, ils s'arrangèrent pour que, de lui-même, il renonçât à M. Fontaine.

Le récit est piquant :

« Comme j'attendais, dit Fontaine, M. d'Andilly avec plus d'impatience que personne, je fus surpris que, le jour qu'il allait arriver, sur le midi, après que j'eus lu à la table pendant le dîner, comme cela se pratique d'ordinaire dans toutes les communautés, je vis M. Manguelin et M. Le Maître s'avancer lentement vers moi, la tête baissée, sans faire semblant de penser à rien. Lorsque je me mettais à table, M. Le Maître, soufflé par M. Manguelin qui le laissait porter la parole parce qu'il avait plus de feu que lui et qu'il savait donner un tour agréable à tout ce qu'il disait, vint comme de dessous la terre me dire : — *Vous aimez bien M. d'Andilly, n'est-ce pas ?* — Oui sûrement, lui dis-je, monsieur. — *Vous allez donc être bien aise de le voir ?* — Je l'espère ainsi, lui répondis-je. — *Mais si on vous disait de n'avoir pas d'empressement de le voir ?* Je regardai M. Le Maître avec quelque sorte d'étonnement comme une personne surprise. — *Que feriez-vous ?* dit-il. — Je ferais ce qu'on m'ordonnerait, lui dis-je, ne comprenant rien à ce discours qui était pour moi une énigme. — *S'il vous rencontrait en chemin, me dit-il, détournez vous adroitement. S'il vous trouvait nez à nez et qu'il vous parlât, ne répondez qu'à demi-mot, et comme à bâton rompu, et sans témoigner trop de chaleur ni d'affection. Pourriez-vous contrefaire le niais ?* ajouta-t-il. En même temps il me marquait par ses manières, par ses gestes, et par de certains mots que je ne sais comment placer, ce que, pour cela, il fallait faire et dire. Dès que j'entrevis sa pensée, il me fit rire. — Vous voulez vous divertir, lui dis-je ? Je suis bien aise de vous en être un sujet. — *Non, je vous parle tout de bon*, me dit-il. Je lui dis : — Si la sagesse consiste à bien faire le niais, je vous promets que je vais être le plus sage garçon du monde. Je tâcherai de vous copier, et j'étudierai bien ce que vous venez de me montrer. »

Fontaine fit ce qu'on lui ordonnait : pendant plusieurs jours, le cœur déchiré, il évita M. d'Andilly ; il se rencontra enfin sur son chemin, face à face, sans pouvoir se détourner de lui.

« Aussitôt je crus être mort, je lui fis une profonde révérence. — *Il n'y a donc que vous de toute la maison qu'on ne verra point*, me dit-il ? *Je croyais que vous seriez le premier à me venir voir ici ? Voulez-vous que je m'en retourne ?* Je me contraignais étrangement alors pour observer ce qu'on m'avait demandé. Je fis le décontenancé. Le chapeau, adroitement m'échappa de la main. J'avais les yeux ouverts sans rien voir. Il me parlait, je ne répondais point. Je faisais un brouillamini. J'étais sur la réserve. Je faisais choix de mes mots, et cela paraissait assez naturel et sans étude. Enfin, je lui parlai de telle sorte qu'il pouvait croire très raisonnablement de moi que j'étais échappé à la folie et que j'en avais été bien près. Il fut surpris de me voir le plus incomplaisant et le plus impoli garçon du monde, plus riche en galimatias qu'en compliment et à qui la niaiserie était tombée en partage. Il s'en alla très mécontent de moi et je lui fis une grande révérence. — *Je viens de voir,* dit-il à quelqu'un qu'il rencontra, *ce que je n'aurais jamais cru. Peut-on avoir l'esprit si changeant ou si changé? J'avais souhaité ce garçon pour sa main, son incivilité me rebute.»*

Un mensonge en action vaut une restriction mentale.

On n'analyse pas les *Provinciales*, il faut lire et relire ce modèle d'éloquence et de bonne plaisanterie; sur le fond, beaucoup de réserves s'imposent. Tout homme de cœur droit et de bon jugement, quand il lit les *petites lettres*, est tenté d'y tout approuver. Ce que Pascal blâme est mauvais, ce qu'il flétrit, haïssable, ce qu'il affirme, exact; le livre élève l'âme en aiguisant l'esprit et cependant il est injuste. Avant d'expliquer comment et dans quel sens, j'ai voulu relire la conclusion d'un critique éminent, célèbre par ses études éloquentes et profondes sur Pascal, et que, c'est Sainte-Beuve qui l'a dit, il y a toujours profit à citer.

Reproduisons le jugement de Vinet :

« Pascal remplit l'office d'accusateur et non celui de juge; les *Provinciales* ne sont pas un rapport, mais un réquisitoire; s'il est juste, il l'est comme un adversaire, comme un ennemi peut l'être envers ceux que l'on veut, justement peut-être, mais enfin que l'on veut détruire. Même dans ce sens, est-il toujours juste? L'est-il en rapportant tout à la préméditation, au calcul, et jamais rien à l'erreur? un jésuite même peut se tromper. Et lorsque, dans sa treizième lettre, Pascal nous représente les jésuites jetant dans le monde des moitiés de maximes, moitiés innocentes mais destinées à se rejoindre en temps et lieu pour former, par leur réunion, une monstrueuse erreur, ne vous paraît-il pas conclure un peu trop rigoureusement du fait à l'intention? Je me suis adressé ces questions; mais, après cela, il faut convenir que le plus habile ne saurait faire à la fois deux choses si différentes que la polémique et l'histoire. Pascal « ministre d'une grande

» vengeance » pour nous servir une fois de son langage, tient un glaive et non des balances; et, soit à cause de cela, soit parce qu'il est catholique, tout un ordre de considérations a dû lui demeurer étranger. Il n'est pas conduit à remarquer que les jésuites ne sont que les parrains et non les véritables pères du système qui porte leur nom; que ce qu'on a, justement ou injustement, appelé le *jésuitisme*, date des premiers jours du monde; que l'art des interprétations, de la direction d'intention et des réserves mentales a été pratiqué de tout temps par les plus ignorants des mortels; et que, si le mot de *jésuite* avait le sens que les jansénistes lui eussent donné volontiers, et qu'il a reçu d'un usage assez général, il faudrait dire que le cœur humain est naturellement jésuite. Qu'est-ce que le *probabilisme*, si ce n'est le nom extraordinaire de la chose du monde la plus ordinaire; le culte de l'opinion, la préférence donnée à l'autorité sur la conviction individuelle, aux personnes sur les idées, aux hasards des rencontres sur les oracles de la conscience? L'esprit du temps, l'opinion publique, la marche des idées, qu'est-ce que tout cela, sinon le probabilisme encore sous des noms modernes et populaires. Le probabilisme était encore sans nom lorsque Satan aborda nos premiers parents, mais Satan fut-il à leurs yeux autre chose qu'un *docteur grave* bien capable après tout de *rendre son opinion probable*? Tout cela n'excuse pas Escobar, Molina ni le Père Bauny, s'ils ont, en effet, des suggestions infiniment diverses du malin, composé toute une morale; seulement l'honneur ou la honte de l'invention, ne leur appartient en aucune façon. »

Chez un moraliste comme Vinet, la distinction entre l'accusateur et le juge doit sembler étrange. Les rôles différents imposent les mêmes devoirs. Pour l'un comme pour l'autre, une allégation fausse est mensonge; une conclusion mal déduite, sophisme; une citation affaiblie, mauvaise foi; l'usage de deux poids et de deux mesures, abomination devant le Seigneur. On l'oublie trop souvent. J'oserai rappeler une anecdote célèbre en Espagne.

On avait à Madrid, sous le règne de Philippe II, réservé aux aveugles le privilège de crier dans les rues les ordonnances du gouvernement ainsi que les nouvelles publiques. Un jour les crieurs, en enflant leurs voix, annonçaient les détails de la grande victoire de la flotte espagnole sur deux corsaires barbaresques : l'un des navires ennemis coulé à fond, l'autre mis en fuite.

« Vous savez, lui dit un passant : les mécréants ont capturé et emmené dans leur fuite la plus belle de nos frégates! — Cela répondit le crieur, est l'affaire des aveugles d'Alger. »

Plus d'un historien, malheureusement, pense comme l'aveugle de Madrid et plus d'un lecteur le trouve tout naturel.

Celui qui, prenant les codes pour étude, ferait du droit sa règle de conduite, qui, dans ses relations avec ses parents, ses amis et ses proches, exigerait rigoureusement tous les avantages permis par la loi, serait, sans contredit et avec raison, peu estimé et peu aimé, mais à l'abri des condamnations judiciaires. Le catholique qui, nourri des casuistes, chercherait chez eux sa règle de conduite, aspirant, pour toute morale, à n'être pas indigne de l'absolution, quoique mauvais parent, mauvais ami, mauvais homme et mauvais chrétien, resterait à l'abri de l'affront de se voir refuser les sacrements.

Ni les jurisconsultes ne conseillent de ressembler au premier de ces hommes ni les casuistes ne proposent le second pour modèle. Ils savent de quel mépris il est digne et les confesseurs ne manquent pas de lui prescrire, comme les prédicateurs de lui enseigner, une morale plus noble et plus haute.

Les plus rigides connaissent la faiblesse humaine et, sans rien accorder au démon, savent qu'il doit triompher souvent.

Les plus relâchés prévoient les mêmes défaites, blâment les mêmes faiblesses et condamnent les mêmes fautes.

La différence est qu'ils s'en indignent moins. Ni pour les uns ni pour les autres, il n'existe dans le champ du mal, de séparations et de limites.

Les péchés sont inégaux; tous également en conviennent; tous les partagent en deux classes: les uns sont mortels, les autres ne le sont pas; mais on doit faire de grandes différences entre ceux qui portent le même nom. Le plus grave des péchés véniels, il ne peut en être autrement, pour peu qu'on l'accroisse, deviendra mortel. Le plus léger entre les péchés mortels, pour peu qu'on l'atténue, deviendra véniel. Ce sont là vérités de définition ; la contestation est impossible.

Les théologiens ont méconnu trop souvent la nécessité de cette transition insensible. On peut cependant, dans presque tous les cas, réduire la preuve en forme.

Je traverse une vigne. Je goûte un raisin ; c'est un vol, mais le péché est véniel. Je suis tenté, et je cueille la grappe. L'enfer, pour cela, ne me menace pas. Le péché s'aggrave mais reste véniel ; une seconde grappe succède à la première, une troisième à la seconde, jusqu'à remplir un panier ; si le panier est remplacé par une voiture, si je dérobe la vendange, le péché sera sans difficulté mortel : il était véniel au début. La grappe que je cueillais au moment où le changement s'est accompli marque la limite. Un grain seul peut servir de borne.

La confusion du péché qui n'est pas mortel, et que l'on doit absoudre après confession, avec les actes que la conscience permet, qu'on peut commettre sans scrupule et sans offenser Dieu, est un sophisme sans cesse répété à l'occasion des casuistes. Jamais Pascal n'a fait la distinction. La remarque est importante et je la crois nouvelle.

— Mercédès se mariera dans un mois. Escobar la dirige et lui donne d'excellents conseils. Elle doit, jusqu'à la bénédiction nuptiale, imposer à son fiancé la plus respectueuse réserve. Mercédès s'étonne et se montre blessée qu'on doute d'elle. Elle vient cependant quelques jours après confesser sa faiblesse. Escobar la reçoit fort mal : « Ce que vous avez fait, dit-il, est bien laid et bien honteux. Vous méritez une sévère pénitence. » Il la lui impose sans refuser l'absolution.

En vain Pascal s'indignera, les choses doivent se passer ainsi. A quoi, sans cela, servirait la confession? Mercédès a eu la honte d'un aveu difficile; elle a reçu une forte semonce. Que Pascal voudrait-il de plus? Qu'elle eût été plus sage? Escobar n'y peut rien, elle n'a rien appris dans ses livres. C'est au contraire elle qui l'instruit. Faut-il, parce qu'elle a devancé la bénédiction, la lui refuser à jamais?

La *Lettre XV* de Pascal découvre très nettement la confusion faite entre le péché véniel, l'acte qu'on n'a pas à blâmer et l'action méritoire qu'on conseille.

Mes révérends pères,

Puisque vos impostures croissent tous les jours, et que vous vous en servez pour outrager si cruellement toutes les personnes de piété qui sont contraires à vos erreurs, je me sens obligé, pour leur intérêt et pour celui de l'Église, de découvrir un mystère de votre conduite, que j'ai promis il y a longtemps, afin qu'on puisse reconnoître par vos propres maximes quelle foi l'on doit ajouter à vos accusations et à vos injures.
Je sais que ceux qui ne vous connoissent pas assez ont peine à se déterminer sur ce sujet, parce qu'ils se trouvent dans la nécessité, ou de croire les crimes incroyables dont vous accusez vos ennemis, ou de vous tenir pour des imposteurs, ce qui leur paroît aussi incroyable. Quoi! disent-ils, si ces choses-là n'étoient, des religieux les publieroient-ils? et voudroient-ils renoncer à leur conscience, et se damner par ces calomnies? Voilà la manière dont ils raisonnent; et ainsi les preuves visibles par lesquelles on ruine vos faussetés, rencontrant l'opinion qu'ils ont de votre sincérité, leur esprit demeure en suspens entre l'évidence et la vérité qu'ils ne peuvent démentir, et le devoir de la charité qu'ils appréhendent de blesser. De sorte que,

comme la seule chose qui les empêche de rejeter vos médisances est l'estime qu'ils ont de vous, si on leur fait entendre que vous n'avez pas de la calomnie l'idée qu'ils s'imaginent que vous en avez, et que vous croyez pouvoir faire votre salut en calomniant vos ennemis, il est sans doute que le poids de la vérité les déterminera incontinent à ne plus croire vos impostures. Ce sera donc, mes pères, le sujet de cette lettre.

Je ne ferai pas voir seulement que vos écrits sont remplis de calomnies, je veux passer plus avant. On peut bien dire des choses fausses en les croyant véritables, mais la qualité de menteur enferme l'intention de mentir. Je ferai donc voir, mes pères, que votre intention est de mentir et de calomnier; et que c'est avec connoissance et avec dessein que vous imposez à vos ennemis des crimes dont vous savez qu'ils sont innocents; parce que vous croyez le pouvoir faire sans déchoir de l'état de grâce. Et quoique vous sachiez aussi bien que moi ce point de votre morale, je ne laisserai pas de vous le dire, mes pères, afin que personne n'en puisse douter, en voyant que je m'adresse à vous pour vous le soutenir à vous-mêmes, sans que vous puissiez avoir l'assurance de le nier, qu'en confirmant par ce désaveu même le reproche que je vous en fais. Car c'est une doctrine si commune dans vos écoles que vous l'avez soutenue non seulement dans vos livres, mais encore dans vos thèses publiques, ce qui est de la dernière hardiesse; comme entre autres dans vos thèses de Louvain de l'année 1645, en ces termes : « Ce n'est qu'un péché véniel de calomnier et d'imposer de faux crimes pour ruiner de créance ceux qui parlent mal de nous. *Quidni non nisi veniale sit, detrahentis autoritatem magnam, tibi noxiam, falso crimine elidere?* » Et cette doctrine est si constante parmi vous, que quiconque l'ose attaquer, vous le traitez d'ignorant et de téméraire.

C'est ce qu'a éprouvé depuis peu le père Quiroga, capucin allemand, lorsqu'il voulut s'y opposer. Car votre père Dicastillus l'entreprit incontinent, et il parle de cette dispute en ces termes (*de Just.*, liv. II. tr. 2, disp. 12, n. 404) : « Un certain religieux grave, pieds nus et encapuchonné, *cucullatus gymnopoda*, que je ne nomme point, eut la témérité de décrier cette opinion parmi des femmes et des ignorants, et de dire qu'elle étoit pernicieuse et scandaleuse contre les bonnes mœurs, contre la paix des États et des sociétés, et enfin contraire non seulement à tous les docteurs catholiques, mais à tous ceux qui peuvent être catholiques. Mais je lui ai soutenu, comme je soutiens encore, que la calomnie, lorsqu'on en use contre un calomniateur, quoiqu'elle soit un mensonge, n'est point néanmoins un péché mortel, ni contre la justice, ni contre la charité; et pour le prouver, je lui ai fourni en foule nos pères et les universités entières qui en sont composées, que j'ai tous consultés, et entre autres le révérend père Jean Gans, confesseur de l'empereur; le révérend père Daniel Bastèle, confesseur de l'archiduc Léopold; le père Henri, qui a été précepteur de ces deux princes; tous les professeurs publics et ordinaires de l'université de Vienne (toute composée de jésuites); tous les professeurs de l'université de Grats (toute de jésuites) ; tous les professeurs de l'université de Prague (dont les jésuites sont les maîtres) : de tous lesquels j'ai en main les approbations de mon opinion, écrites et signées de leur main : outre que j'ai encore pour moi le père de Pennalossa, jésuite, prédicateur de l'empereur et du roi d'Espagne, le père Pilliceroli, jésuite, et bien d'autres qui avoient tous jugé cette opinion probable avant notre dispute. » Vous voyez bien, mes pères, qu'il y a peu d'opinions que vous ayez pris si à tâche d'établir, comme il y en avoit peu dont vous eussiez tant de besoin. Et c'est pourquoi vous l'avez tellement autorisée que les casuistes s'en servent comme d'un principe indubitable. « Il est constant, dit Caramuel (n. 1151, p. 550), que c'est une opinion probable qu'il n'y a point de péché mortel à calomnier faussement pour conserver son honneur. Car elle est soutenue par plus de vingt docteurs graves, par Gaspard Hurtado et Dicastillus, jésuites, etc. ; de sorte que, si cette doctrine n'étoit probable, à peine y en auroit-il aucune qui le fût en toute la théologie. »

O théologie abominable et si corrompue en tous ses chefs que si, selon ses maximes, il n'étoit probable et sûr en conscience qu'on peut calomnier sans crime pour conserver son honneur, à peine y auroit-il aucune de ses décisions qui fût sûre? Qu'il est vraisemblable, mes pères, que ceux qui tiennent ce principe le mettent quelquefois en pratique! L'inclination corrompue des hommes s'y porte d'elle-même avec tant d'impétuosité qu'il est incroyable qu'en levant l'obstacle de la conscience, elle ne se répande avec toute sa véhémence naturelle. En voulez-vous un exemple? Caramuel vous le donnera au même lieu : « Cette maxime, dit-il, du père Dicastillus, jésuite, touchant la calomnie, ayant été enseignée par une comtesse d'Allemagne aux filles de l'impératrice, la créance qu'elles eurent de ne pécher au plus que véniellement par des calomnies en fit tant naître en peu de jours, et tant de médisances, et tant de faux rapports, que cela mit toute la cour en combustion et en alarme. Car il est aisé de s'imaginer l'usage qu'elles en surent faire : de sorte que, pour apaiser ce tumulte, on fut obligé d'appeler un bon père capucin d'une vie exemplaire, nommé le père Quiroga (et ce fut sur quoi le père Dicastillus le querella tant), qui vint leur déclarer que cette maxime étoit très pernicieuse, principalement parmi les femmes; et il eut un soin particulier de faire que l'impératrice en abolît tout à fait l'usage. » On ne doit pas être surpris des mauvais effets que causa cette doctrine. Il faudroit admirer au contraire qu'elle ne produisît pas cette licence. L'amour-propre nous persuade toujours assez que c'est avec injustice qu'on nous attaque; et à vous principalement, mes pères, que la vanité aveugle de telle sorte, que vous voulez faire croire en tous vos écrits que c'est blesser l'honneur de l'Église que de blesser celui de votre société. Et ainsi, mes pères, il y auroit lieu de trouver étrange que vous ne missiez pas cette maxime en pratique. Car il ne faut plus dire de vous comme font ceux qui ne vous connoissent pas : Comment ces bons pères voudroient-ils calomnier leurs ennemis; puisqu'ils ne le pourroient faire que par la perte de leur salut? Mais il faut dire au contraire : Comment ces bons pères voudroient-ils perdre l'avantage de décrier leurs ennemis, puisqu'ils le peuvent faire *sans hasarder leur salut?* Qu'on ne s'étonne donc plus de voir les jésuites calomniateurs : *ils le sont en sûreté de conscience*, et rien ne les en peut empêcher; puisque, par le crédit qu'ils ont dans le monde, ils peuvent calomnier sans craindre la justice des hommes, et que, par celui qu'ils se sont donné sur les cas de conscience, ils ont établi des maximes pour le pouvoir faire sans craindre la justice de Dieu.

Voilà, mes pères, la source d'où naissent tant de noires impostures. Voilà ce qui en a fait répandre à votre père Brisacier, jusqu'à s'attirer la censure de feu M. l'archevêque de Paris. Voilà ce qui a porté votre père d'Anjou à décrier en pleine chaire, dans l'église de Saint-Benoît, à Paris, le 8 mars 1655, les personnes de qualité qui recevoient les aumônes pour les pauvres de Picardie et de Champagne, auxquelles ils contribuoient tant eux-mêmes; et de dire par un mensonge horrible et capable de faire tarir ces charités, si on eût eu quelque créance en vos impostures, « qu'il savoit de science certaine que ces personnes avoient détourné cet argent pour l'employer contre l'Église et contre l'État » : ce qui obligea le curé de cette paroisse, qui est un docteur de Sorbonne, de monter le lendemain en chaire pour démentir ces calomnies. C'est par ce même principe que votre père Crasset a tant prêché d'impostures dans Orléans, qu'il a fallu que M. l'évêque d'Orléans l'ait interdit comme un imposteur public, par son mandement du 9 septembre dernier, où il déclare « qu'il défend à frère Jean Grasset, prêtre de la compagnie de Jésus, de prêcher dans son diocèse ; et à tout son peuple de l'ouïr, sous peine de se rendre coupable d'une désobéissance mortelle, sur ce qu'il a appris que ledit Grasset avoit fait un discours en chaire rempli de faussetés et de calomnies contre les ecclésiastiques de cette ville, leur imposant faussement et malicieusement qu'ils soutenoient ces propositions hérétiques et impies : Que les commandements de Dieu sont impossibles ; que jamais on ne résiste à la grâce intérieure ; et que Jésus-Christ n'est pas mort pour tous les hommes, et autres semblables, condamnées par Innocent X ». Car c'est là, mes pères, votre imposture ordinaire, et la première que vous reprochez à tous ceux qu'il vous est important de décrier. Et quoiqu'il vous soit aussi impossible de le prouver de qui que ce soit, qu'à votre père Grasset de ces ecclésiastiques d'Orléans, votre conscience néanmoins demeure en repos : « parce que vous croyez que cette manière de calomnier ceux qui vous attaquent est si certainement permise », que vous ne craignez point de le déclarer publiquement et à la vue de toute une ville.

En voici un insigne témoignage dans le démêlé que vous eûtes avec M. Puys, curé de Saint-Nisier, à Lyon ; et comme cette histoire marque parfaitement votre esprit, j'en rapporterai les principales circonstances. Vous savez, mes pères, que, en 1649, M. Puys traduisit en françois un excellent livre d'un autre père capucin, « touchant le devoir des chrétiens à leur paroisse contre ceux qui les en détournent », sans user d'aucune invective, et sans désigner aucun religieux, ni aucun ordre en particulier. Vos pères néanmoins prirent cela pour eux, et sans avoir aucun respect pour un ancien pasteur, juge en la primatie de France, et honoré de toute la ville, votre père Alby fit un livre sanglant contre lui, que vous vendîtes vous-mêmes dans votre propre église, le jour de l'Assomption, où il l'accusoit de plusieurs choses, et entre autres de « s'être rendu scandaleux par ses galanteries, et d'être suspect d'impiété, d'être hérétique, excommunié, et enfin digne du feu ». A cela M. Puys répondit; et le père Alby soutint, par un second livre, ses premières accusations. N'est-il donc pas vrai, mes pères, que vous étiez des calomniateurs, ou que vous croyiez tout cela de ce bon prêtre; et qu'enfin il falloit que vous le vissiez hors de ses erreurs pour le juger digne de votre amitié? Écoutez donc ce qui se passa dans l'accommodement qui fut fait en présence d'un grand nombre des premières personnes de la ville, dont les noms sont au bas de cette page [1], comme ils sont mar-

---

[1] M. de Ville, vicaire-général de M. le cardinal de Lyon; M. Scarron, chanoine et curé de Saint-Paul; M. Margat, chantre; MM. Bouvaud, Sève, Aubert et Dervieu, chanoines de Saint-Nisier; M. du Gué, président des trésoriers de France; M. Groslier, prévôt des marchands; M. de Fléchère, président et lieutenant-général; MM. de Boissat, de Saint-Romain et de Bartoly, gentilshommes; M. Bourgeois, premier avocat du roi au bureau des trésoriers de France; MM. de Cotton père et fils; M. Boniel; qui ont tous signé à l'original de la déclaration, avec M. Puys et le père Alby.

qués dans l'acte qui en fut dressé le 25 septembre 1650. Ce fut en présence de tout ce monde que M. Puys ne fit autre chose que déclarer « que ce qu'il avoit écrit ne s'adressoit point aux pères jésuites; qu'il avoit parlé en général contre ceux qui éloignent les fidèles des paroisses, sans avoir pensé en cela attaquer la société, et qu'au contraire il l'honoroit avec amour ». Par ces seules paroles, il revint de son apostasie, de ses scandales et de son excommunication, sans rétractation et sans absolution; et le père Alby lui dit ensuite ces propres paroles : « Monsieur, la créance que j'ai eue que vous attaquiez la compagnie dont j'ai l'honneur d'être m'a fait prendre la plume pour y répondre; et j'ai cru que la manière dont j'ai usé m'étoit permise. Mais, connoissant mieux votre intention, je viens vous déclarer qu'il n'y a plus rien qui me puisse empêcher de vous tenir pour un homme d'esprit très éclairé, de doctrine profonde et orthodoxe, de mœurs irrépréhensibles, et en un mot pour digne pasteur de votre église. C'est une déclaration que je fais avec joie, et je prie ces messieurs de s'en souvenir. »

Ils s'en sont souvenus, mes pères; et on fut plus scandalisé de la réconciliation que de la querelle. Car qui n'admireroit ce discours du père Alby? Il ne dit pas qu'il vient se rétracter, parce qu'il a appris le changement des mœurs et de la doctrine de M. Puys; mais seulement « parce que, connoissant que son intention n'a pas été d'attaquer votre compagnie il n'y a plus rien qui l'empêche de le tenir pour catholique ». Il ne croyoit donc pas qu'il fût hérétique en effet? Et néanmoins, après l'en avoir accusé contre sa connoissance, il ne déclare pas qu'il a failli; mais il ose dire, au contraire, « qu'il croit que la manière dont il en a usé lui étoit permise ».

A quoi songez-vous, mes pères, de témoigner ainsi publiquement que vous ne mesurez la foi et la vertu des hommes que par les sentiments qu'ils ont pour votre société? Comment n'avez-vous point appréhendé de vous faire passer vous-mêmes, et par votre propre aveu, pour des imposteurs ou des calomniateurs? Quoi! mes pères, un même homme, sans qu'il se passe aucun changement en lui, selon que vous croyez qu'il honore ou qu'il attaque votre compagnie, sera « pieux *ou* impie, irrépréhensible *ou* excommunié, digne pasteur de l'Église, *ou* digne d'être mis au feu, et enfin catholique *ou* hérétique »? C'est donc une même chose dans votre langage d'attaquer votre société et d'être hérétique? Voilà une plaisante hérésie, mes pères; et ainsi, quand on voit dans vos écrits que tant de personnes catholiques y sont appelées hérétiques, cela ne veut dire autre chose, sinon « que vous croyez qu'ils vous attaquent ». Il est bon, mes pères, qu'on entende cet étrange langage, selon lequel il est sans doute que je suis un grand hérétique. Aussi c'est en ce sens que vous me donnez si souvent ce nom. Vous ne me retranchez de l'Église que parce que vous croyez que mes lettres vous font tort; et ainsi il ne me reste pour devenir catholique, ou que d'approuver les excès de votre morale, ce que je ne pourrois faire sans renoncer à tout sentiment de piété, ou de vous persuader que je ne recherche en cela que votre véritable bien; et il faudroit que vous fussiez bien revenus de vos égarements pour le reconnoître. De sorte que je me trouve étrangement engagé dans l'hérésie; puisque la pureté de ma foi étant inutile pour me retirer de cette sorte d'erreur, je n'en puis sortir, ou qu'en trahissant ma conscience, ou qu'en réformant la vôtre. Jusque-là je serai toujours un méchant ou un imposteur, et quelque fidèle que j'aie été à rapporter vos passages, vous irez crier partout : « qu'il faut être organe du démon pour vous imputer des choses dont il n'y a marque ni vestige dans vos livres » : et vous ne ferez rien en cela que de conforme à votre maxime et à votre pratique ordinaire, tant le privilège que vous avez de mentir a d'étendue. Souffrez que je vous en donne un exemple que je choisis à dessein, parce que je répondrai en même temps à la neuvième de vos impostures; aussi bien elles ne méritent d'être réfutées qu'en passant.

Il y a dix à douze ans qu'on vous reprocha cette maxime du père Bauny : « Qu'il est permis de rechercher directement, PRIMO ET PER SE, une occasion prochaine de pécher pour le bien spirituel ou temporel de nous ou de notre prochain » (part. I, tr. 4, q. 14, p. 94) dont il apporte pour exemple : « Qu'il est permis à chacun d'aller en des lieux publics pour convertir des femmes perdues, encore qu'il soit vraisemblable qu'on y péchera, pour avoir déjà expérimenté souvent qu'on est accoutumé de se laisser aller au péché par les caresses de ces femmes. » Que répondit à cela votre père Caussin ? En 1644, dans son *Apologie pour la compagnie de Jésus*, page 128 : « Qu'on voie l'endroit du père Bauny, qu'on lise la page, les marges, les avant-propos, les suites, tout le reste, et même tout le livre, on n'y trouvera pas un seul vestige de cette sentence, qui ne pourroit tomber que dans l'âme d'un homme extrêmement perdu de conscience, et qui semble ne pouvoir être supposée que par l'organe du démon. » Et votre père Pintereau, en même style, première partie, page 94 : « Il faut être bien perdu de conscience pour enseigner une si détestable doctrine ; mais il faut être pire qu'un démon pour l'attribuer au père Bauny. Lecteur, il n'y en a ni marque ni vestige dans tout son livre. » Qui ne croiroit que des gens qui parlent de ce ton-là eussent sujet de se plaindre, et qu'on auroit en effet imposé au père Bauny ? Avez-vous rien assuré contre moi en de plus forts termes ? Et comment oseroit-on s'imaginer qu'un passage fût en mots propres au lieu même où l'on le cite, quand on dit « qu'il n'y en a ni marque ni vestige dans tout le livre » ?

En vérité, mes pères, voilà le moyen de vous faire croire jusqu'à ce qu'on vous réponde ; mais c'est aussi le moyen de faire qu'on ne vous croie jamais plus, après qu'on vous aura répondu. Car il est si vrai que vous mentiez alors, que vous ne faites aujourd'hui aucune difficulté de reconnoître dans vos réponses que cette maxime est dans le père Bauny, au lieu même où on l'avoit citée ; et, ce qui est admirable, c'est qu'au lieu qu'elle étoit *détestable* il y a douze ans, elle est maintenant si innocente que, dans votre neuvième imposture, page 10, vous m'accusez « d'ignorance et de malice, de quereller le père Bauny sur une opinion qui n'est point rejetée dans l'école ». Qu'il est avantageux, mes pères, d'avoir affaire à ces gens qui disent le pour et le contre! Je n'ai besoin que de vous-mêmes pour vous confondre. Car je n'ai à montrer que deux choses : l'une, que cette maxime ne vaut rien; l'autre qu'elle est du père Bauny, et je prouverai l'un et l'autre par votre propre confession. En 1644 vous avez reconnu qu'elle est *détestable*, et en 1656 vous avouez qu'elle est du père Bauny. Cette double reconnoissance me justifie assez, mes pères; mais elle fait plus, elle découvre l'esprit de votre politique. Car dites-moi, je vous prie, quel est le but que vous vous proposez dans vos écrits? Est-ce de parler avec sincérité? Non, mes pères, puisque vos réponses s'entre-détruisent. Est-ce de suivre la vérité de la foi? Aussi peu, puisque vous autorisez une maxime qui est *détestable* selon vous-mêmes. Mais considérons que, quand vous avez dit que cette maxime est *détestable*, vous avez nié en même temps qu'elle fût du père Bauny; et ainsi il étoit innocent : et, quand vous avouez qu'elle est de lui, vous soutenez en même temps qu'elle est bonne : et ainsi il est innocent encore. De sorte que, l'innocence de ce père étant la seule chose commune à vos deux réponses, il est visible que c'est la seule chose que vous y recherchez, et que vous n'avez pour objet que la défense de vos pères, en disant d'une même maxime qu'elle est dans vos livres et qu'elle n'y est pas; qu'elle est bonne et qu'elle est mauvaise; non pas selon la vérité, qui ne change jamais, mais selon votre intérêt, qui change à toute heure. Que ne pourrois-je vous dire là-dessus! car vous voyez bien que cela est convaincant. Cependant rien ne vous est plus ordinaire; et, pour en omettre une infinité d'exemples, je crois que vous vous contenterez que je vous en rapporte encore un.

On vous a reproché en divers temps une autre proposition du même père Bauny (tr. 4, quest. 22, p. 100) : « On ne doit dénier ni différer l'absolution à ceux qui sont dans les habitudes de crimes contre la loi de Dieu, de nature et de l'Église, encore qu'on n'y voie aucune espérance d'amendement : *etsi emendationis futuræ spes nulla appareat.* » Je vous prie sur cela, mes pères, de me dire lequel y a le mieux répondu, selon votre goût, ou de votre père Pintereau, ou de votre père Brisacier, qui défendent le père Bauny en vos deux manières : l'un en condamnant cette proposition, mais en désavouant aussi qu'elle soit du père Bauny; l'autre en avouant qu'elle est du père Bauny, mais en la justifiant en même temps. Écoutez-les donc discourir. Voici le père Pintereau, page 18 : « Qu'appelle-t-on franchir les bornes de toute pudeur, et passer au delà de toute impudence, sinon d'imputer au père Bauny, comme une chose avérée, une si damnable doctrine? Jugez, lecteur, de l'indignité de cette calomnie, et voyez à qui les jésuites ont affaire, et si l'auteur d'une si noire supposition ne doit pas passer désormais pour le truchement du père des mensonges. » Et voici maintenant votre père Brisacier (4° p., p. 21) : « En effet, le père Bauny dit ce que vous rapportez. » (C'est démentir le père Pintereau bien nettement.) « Mais, ajoute-t-il, pour justifier le père Bauny, vous qui reprenez cela, attendez, quand un pénitent sera à vos pieds, que son ange gardien hypothèque tous les droits qu'il a au ciel pour être sa caution. Attendez que Dieu le Père jure par son chef que David a menti quand il a dit, par le Saint-Esprit, que tout homme est menteur, trompeur et fragile; et que ce pénitent ne soit plus menteur, fragile, changeant, ni pécheur comme les autres; et vous n'appliquerez le sang de Jésus-Christ sur personne. »

Que vous semble-t-il, mes pères, de ces expressions extravagantes et impies, que s'il falloit attendre *qu'il y eût quelque espérance d'amendement* dans les pécheurs pour les absoudre, il faudroit attendre *que Dieu le Père jurât par son chef* qu'ils ne tomberoient jamais plus? Quoi! mes pères, n'y a-t-il point de différence entre l'*espérance* et la *certitude*? Quelle injure est-ce faire à la grâce de Jésus-Christ de dire qu'il est si peu possible que les chrétiens sortent jamais des crimes contre la loi de Dieu, de nature et de l'Église, qu'on ne pourroit l'espérer *sans que le Saint-Esprit eût menti* : de sorte que, selon vous, si on ne donnoit l'absolution à ceux *dont on n'espère aucun amendement*, le sang de Jésus-Christ demeureroit inutile, et on ne l'*appliqueroit jamais sur personne!* A quel état, mes pères, vous réduit le désir immodéré de conserver la gloire de vos auteurs, puisque vous ne trouvez que deux voies pour les justifier, l'imposture ou l'impiété ; et qu'ainsi la plus innocente manière de vous défendre est de désavouer hardiment les choses les plus évidentes!

De là vient que vous en usez si souvent. Mais ce n'est pas encore là tout ce que vous savez faire. Vous forgez des écrits pour rendre vos ennemis odieux comme la *Lettre d'un ministre à M. Arnauld*, que vous débitâtes dans tout Paris, pour faire croire que le livre de *la fréquente communion*, approuvé par tant d'évêques et tant de docteurs, mais qui, à la vérité, vous étoit un peu contraire, avoit été fait par une intelligence secrète avec les ministres de Charenton. Vous attribuez d'autres fois à vos adversaires des écrits pleins d'impiété, comme la *Lettre circulaire des jansénistes*, dont le style impertinent rend cette fourbe trop grossière, et découvre trop clairement la malice ridicule de votre père Meynier, qui ose s'en servir, page 28, pour appuyer ses plus noires impostures. Vous citez quelquefois des livres qui ne furent jamais au monde, comme les *Constitutions du Saint-Sacrement*, d'où vous rapportez des passages que vous fabriquez à plaisir, et qui font dresser les cheveux sur la tête des simples, qui ne savent pas quelle est votre hardiesse à inventer et publier les mensonges : car il n'y a sorte de calomnie que vous n'ayez mise en usage, jamais la maxime qui l'excuse ne pouvoit être en meilleure main.

Mais celles-là sont trop aisées à détruire ; et c'est pourquoi vous en avez de plus subtiles, où vous ne particularisez rien, afin d'ôter toute prise et tout moyen d'y répondre; comme quand le père Brisacier dit « que ses ennemis commettent des crimes abominables, mais qu'il ne les veut pas rapporter ». Ne semble-t-il pas qu'on ne peut convaincre d'imposture un reproche si indéterminé? Un habile homme néanmoins en a trouvé le secret; et c'est encore un capucin, mes pères. Vous êtes aujourd'hui malheureux en capucins, et je prévois qu'une autre fois vous le pourriez bien être en bénédictins. Ce capucin s'appelle le père Valérien, de la maison des comtes de Magnis. Vous apprendrez par cette petite histoire comment il répondit à vos calomnies. Il avoit heureusement réussi à la conversion du prince Ernest, landgrave de Hesse-Rheinsfelt. Mais vos pères, comme s'ils eussent eu quelque peine de voir convertir un prince souverain sans les y appeler, firent incontinent un livre contre lui (car vous persécutez les gens de bien partout), où falsifiant un de ses passages, ils lui imputent une doctrine *hérétique*. Ils firent aussi courir une lettre contre lui, où ils lui disoient : « Oh! que nous avons de choses à découvrir *sans dire quoi*, dont vous serez bien affligé! Car, si vous n'y donnez ordre, nous serons obligés d'en avertir le pape et les cardinaux. » Cela n'est pas maladroit; et je ne doute point, mes pères, que vous ne leur parliez ainsi de moi : prenez garde de quelle sorte il y répond dans son livre imprimé à Prague l'année dernière, page 112 et suivantes :

« Que ferai-je, dit-il, contre ces injures vagues et indéterminées? Comment convaincrai-je des reproches qu'on n'explique point? En voici néanmoins le moyen : c'est que je déclare hautement et publiquement à ceux qui me menacent que ce sont des imposteurs insignes, et de très habiles et très impudents menteurs, s'ils ne découvrent ces crimes à toute la terre. Paroissez donc, mes accusateurs, et publiez ces choses sur les toits, au lieu que vous les avez dites à l'oreille, et que vous avez menti en assurance en les disant à l'oreille. Il y en a qui s'imaginent que ces disputes sont scandaleuses. Il est vrai que c'est exciter un scandale horrible que de m'imputer un crime tel que l'hérésie, et de me rendre suspect de plusieurs autres. Mais je ne fais que remédier à ce scandale en soutenant mon innocence. »

En vérité, mes pères, vous voilà malmenés, et jamais homme n'a été mieux justifié. Car il a fallu que les moindres apparences de crime vous aient manqué contre lui, puisque vous n'avez point répondu à un tel défi. Vous avez quelquefois de fâcheuses rencontres à essuyer, mais cela ne vous rend pas plus sages. Car quelque temps après vous l'attaquâtes encore de la même sorte sur un autre sujet, et il se défendit aussi de même, page 151, en ces termes :

« Ce genre d'hommes qui se rend insupportable à toute la chrétienté aspire, sous le prétexte de bonnes œuvres, aux grandeurs et à la domination, en détournant à leurs fins presque toutes les lois divines, humaines, positives et naturelles. Ils attirent, ou par leur doctrine, ou par la crainte, ou par espérance, tous les grands de la terre, de l'autorité desquels ils abusent pour faire réussir leurs détestables intrigues. Mais leurs attentats, quoique si criminels, ne sont ni punis, ni arrêtés : ils sont récompensés au contraire, et ils les commettent avec la même hardiesse que s'ils rendaient un service à Dieu. Tout le monde le reconnoît, tout le monde en parle avec exécration ; mais il y en a peu qui soient capables de s'opposer à une si puissante tyrannie. C'est ce que j'ai fait néanmoins. J'ai arrêté leur impudence, et je l'arrêterai encore par le même moyen. Je déclare donc qu'ils ont menti très impudemment, MENTIRIS IMPUDENTISSIME. Si les choses qu'ils m'ont reprochées sont véritables, qu'ils les prouvent, ou qu'ils passent pour convaincus d'un mensonge plein d'impudence. Leur procédé sur cela découvrira qui a raison. Je prie tout le monde de l'observer, et de remarquer cependant que ce genre d'hommes qui ne souffrent pas la moindre des injures qu'ils peuvent repousser, font semblant de souffrir très patiemment celles dont ils ne peuvent se défendre, et couvrent d'une fausse vertu leur véritable impuissance. C'est pourquoi j'ai voulu irriter plus vivement leur pudeur, afin que les plus grossiers reconnoissent que, s'ils se taisent, leur patience ne sera pas un effet de leur douceur, mais du trouble de leur conscience. »

Voilà ce qu'il dit, mes pères, et il finit ainsi : « Ces gens-là, dont on sait les histoires par tout le monde, sont si évidemment injustes et si insolents dans leur impunité, qu'il faudroit que j'eusse renoncé à Jésus-Christ et à son Église, si je ne détestois leur conduite, et même publiquement, autant pour me justifier que pour empêcher les simples d'en être séduits. »

Mes révérends pères, il n'y a plus moyen de reculer. Il faut passer pour des calomniateurs convaincus, et recourir à votre maxime, que cette sorte de calomnie n'est pas un crime. Ce père a trouvé le secret de vous fermer la bouche : c'est ainsi qu'il faut faire toutes les fois que vous accusez les gens sans preuves. On n'a qu'à répondre à chacun de vous comme le père capucin, *mentiris impudentissime*. Car que répondroit-on autre chose, quand votre père Brisacier dit, par exemple, que ceux contre qui il écrit « sont des portes d'enfer, des pontifes du diable, des gens déchus de la foi, de l'espérance et de la charité, qui bâtissent le trésor de l'Antechrist? Ce que je ne dis pas (ajoute-t-il) par forme d'injure, mais par la force de la vérité. » S'amuseroit-on à prouver qu'on n'est pas « porte d'enfer, et qu'on ne bâtit pas le trésor de l'antechrist »?

Que doit-on répondre de même à tous les discours vagues de cette sorte, qui sont dans vos livres et dans vos avertissements sur mes lettres? par exemple : « Qu'on s'applique les restitutions, en réduisant les créanciers dans la pauvreté; qu'on a offert des sacs d'argent à de savants religieux qui les ont refusés; qu'on donne des bénéfices pour faire semer des hérésies contre la foi; qu'on a des pensionnaires parmi les plus illustres ecclésiastiques et dans les cours souveraines; que je suis aussi pensionnaire de Port-Royal, et que je faisois des romans avant mes lettres », moi qui n'en ai jamais lu aucun, et qui ne sais pas seulement le nom de ceux qu'a faits votre apologiste? Qu'y a-t-il à dire à tout cela, mes pères, sinon, *mentiris impuden-*

tissime, si vous ne marquez toutes ces personnes, leurs paroles, le temps, le lieu? Car il faut se taire, ou rapporter et prouver toutes les circonstances, comme je fais quand je vous conte les histoires du père Alby et de Jean d'Alba. Autrement, vous ne ferez que vous nuire à vous-mêmes. Toutes vos fables pouvoient peut-être vous servir avant qu'on sût vos principes; mais à présent que tout est découvert, quand vous penserez dire à l'oreille « qu'un homme d'honneur, qui désire cacher son nom, vous a appris de terribles choses de ces gens-là », on vous fera souvenir incontinent du *mentiris impudentissime* du bon père capucin. Il n'y a que trop longtemps que vous trompez le monde, et que vous abusez de la créance qu'on avoit en vos impostures. Il est temps de rendre la réputation à tant de personnes calomniées. Car quelle innocence peut être si généralement reconnue, qu'elle ne souffre quelque atteinte par les impostures si hardies d'une compagnie répandue par toute la terre, et qui, sous des habits religieux, couvre des âmes si irréligieuses, qu'ils commettent des crimes tels que la calomnie, non pas contre leurs maximes, mais selon leurs propres maximes? Ainsi l'on ne me blâmera point d'avoir détruit la créance qu'on pourroit avoir en vous; puisqu'il est bien plus juste de conserver à tant de personnes que vous avez décriées la réputation de piété qu'ils ne méritent pas de perdre, que de vous laisser la réputation de sincérité que vous ne méritez pas d'avoir. Et comme l'un ne se pouvoit faire sans l'autre, combien étoit-il important de faire entendre qui vous êtes! C'est ce que j'ai commencé de faire ici; mais il faut bien du temps pour achever. On le verra, mes pères, et toute votre politique ne vous en peut garantir, puisque les efforts que vous pourriez faire pour l'empêcher ne serviroient qu'à faire connoître aux moins clairvoyants que vous avez eu peur, et que votre conscience vous reprochant ce que j'avois à vous dire, vous avez tout mis en usage pour le prévenir.

L'accusation est célèbre et terrible. Oubliant qu'il a été dit : Aimez vos ennemis, faites du bien à ceux qui vous haïsssent, priez pour ceux qui vous persécutent et vous calomnient, les jésuites, serviteurs et soldats de Jésus-Christ, permettraient la calomnie contre leurs ennemis et conseilleraient l'imposture. Ce serait la plus surprenante maxime de leur politique. La calomnie n'est pas toujours pour les jésuites péché mortel. Ce premier point établi par Pascal serait incontestable s'il voulait bien dire, non pas, les jésuites, mais quelques jésuites; il serait même plus exact de dire un jésuite. Pascal, nous le savons, n'accepte pas la distinction, il a prévenu ses lecteurs et donné ses raisons; acceptons la règle qu'il a posée.

Les cas où la calomnie n'est pas péché mortel ont été proposés par le jésuite Dicastillus;

la compagnie en est donc responsable. N'insistons pas sur une erreur insignifiante et que de Maistre appellerait imposture. Caramuel, qui d'ailleurs n'est pas un jésuite, ne s'accordait pas avec Dicastillus. La citation de Pascal est exacte, mais il n'a pas lu ce qui la précède. Caramuel cite pour réfuter ensuite; la doctrine qu'il approuve, suivant Pascal, est formellement condamnée dans son livre. Pascal, fidèle aux principes qu'il a posés, n'en a pas moins le droit de dire : « Pour les jésuites, dans certains cas, la calomnie n'est pas péché mortel. » Il n'a pas celui d'en conclure, en développant sa thèse : Qu'il est sûr et constant, suivant eux, qu'on peut calomnier sans crime, sans hasarder son salut, en sûreté de conscience et sans craindre la justice de Dieu; qu'ils croient, enfin, la calomnie si certainement permise qu'ils ne craignent pas de le déclarer publiquement.

Tout péché, a dit saint Thomas, est une iniquité. Le péché quand il n'est pas mortel n'en est pas moins un péché. Est-il sûr et constant qu'on puisse, sans hasarder son salut, en sûreté de conscience, sans craindre la justice de Dieu, commettre une iniquité? Est-il vrai que, n'étant pas mortel, le péché devienne de nulle conséquence? S'il ne rompt pas les liens de l'homme avec Dieu, il peut les affaiblir et les détendre. N'est-on pas criminel devant Dieu en manquant de vertu? Que signifie la parabole du mauvais riche? Il ne saurait suffire au chrétien d'éviter les excès criants et les désordres graves, en un mot, les péchés mortels. Pascal veut l'ignorer.

Déclarer qu'un péché n'est pas mortel, est une décision assimilée, dans les *Lettres provinciales*, à l'autorisation, et au conseil de le commettre s'il en prend envie. La différence est grande cependant. J'ouvre à l'article mensonge un traité de théologie morale; quoique l'auteur soit jésuite, c'est Leyman, je n'y trouve pas que la calomnie soit permise, mais le mensonge, souvent, n'est pas péché mortel, suivant Leyman.

Suivons sur un exemple les conséquences du principe.

— Les règlements d'un port de mer imposent une quarantaine aux navires quand ils ont fait relâche dans une région suspecte.

Girolamo a traversé l'un des pays désignés ; aucun cas de maladie contagieuse n'y a été signalé ; il en est certain. La règle cependant lui impose une quarantaine. Il fait, pour s'y soustraire, une déclaration mensongère.

Comme il est pieux et tient à son salut, il entre à l'église des jésuites et se confesse à Leyman lui-même du mensonge qu'il a commis.

Le Père ne lui dit nullement : Votre cas est prévu. Vous n'avez pas offensé Dieu, allez en paix, et ne craignez rien de sa justice.

Telles seraient, suivant les *Lettres provinciales*, les maximes de la compagnie.

La vérité est très différente.

Leyman, bien loin de là, blâme le mensonge, s'étonne qu'un homme consciencieux, honnête, soucieux de la religion, ait pu s'abaisser ainsi à trahir la vérité. Il lui demande quel intérêt pressant l'a engagé à commettre une faute aussi honteuse et un péché qui, sans être mortel, n'est pas d'un honnête homme. Girolamo allègue qu'un retard, en compromettant ses affaires, pouvait lui faire perdre des milliers de piastres.

Le Père alors, docile aux règles posées dans son livre, lui dit :

« Vous avez, par désir du lucre, commis un péché ; il n'est pas mortel, mais il faut l'expier. Vous donnerez avant de quitter la ville, cent piastres aux pauvres de l'hospice. »

Telle est l'exacte interprétation de la décision du casuiste.

Comment l'imprudent qui, sans être un ami des adversaires de Pascal, oserait, pour rester impartial, reprocher à l'auteur des *Provinciales* une faute aussi grave contre la justice, serait-il traité par les admirateurs de toute ligne tombée de sa plume?

J'espère qu'on voudra bien me l'apprendre.

PASCAL

GÉOMÈTRE ET PHYSICIEN

Pour Pascal, comme pour Leibnitz, dans l'histoire des sciences, la renommée est supérieure à l'œuvre, et c'est justice; car le génie est supérieur à la renommée; l'abondance chez eux n'égale pas la richesse. Les mathématiques furent pour eux un divertissement et un exercice, jamais l'occupation principale de leur esprit, moins encore le but de leur vie.

Avec même profondeur et égale aptitude, leurs esprits étaient dissemblables. Leibnitz, curieux de tout, excepté des détails, proposait des méthodes nouvelles, laissant à d'autres le soin et l'honneur de les appliquer. Pascal, au contraire, veut tout préciser; les résultats seuls l'intéressent. Leibnitz découvre l'arbre, le décrit et s'éloigne. Pascal montre les fruits sans dire leur origine. Si les difficiles problèmes résolus par Pascal s'étaient offerts à l'esprit de Leibnitz, après en avoir résolu quelques-uns, les plus simples sans doute, il n'aurait pas manqué d'y signaler un grand pas accompli dans le calcul intégral. Pascal promet les solutions, les donne sans rien cacher, mais sans faire valoir sa méthode, souvent sans la laisser paraître.

Si Pascal, dont le génie n'a pas eu de supérieurs, avait rencontré comme Leibnitz le principe des différentielles, sans parler de révolution dans la science, il aurait choisi pour les produire, les conséquences précises les moins voisines de l'évidence, s'il n'avait préféré, comme il l'a fait souvent, laisser disparaître avec lui la trace de ses méditations. On pourrait comparer Leibnitz à une montagne sur laquelle les pluies ne s'arrêtent pas, Pascal à une vallée qui rassemble leurs eaux, en ajoutant, peut-être, que la montagne est immense, la vallée profonde et cachée.

Pascal fit à seize ans sa première découverte sur les sections coniques; un extrait en fut imprimé en 1639, il est introuvable. Leibnitz a vu le manuscrit complet, aujourd'hui perdu sans espoir, et a conseillé l'impression de cette première œuvre de *l'un des meilleurs esprits du siècle.*

Les courbes étudiées par Pascal étaient les sections du cône à base circulaire, c'est-à-dire la perspective d'un cercle. La théorie, tant admirée des propriétés projectives, a été, de nos jours, un pas de géant dans cette voie où Desargues avait précédé Pascal. Après avoir démontré la propriété de l'hexagone inscrit, et, par conséquent, la condition pour que six points soient sur une même conique, Pascal, par un trait de génie, fait de ce théorème une définition; tous les autres et tous ceux qu'on pourrait inventer en sont des corollaires.

L'écrit du jeune Pascal, annoncé comme un chef-d'œuvre, fut envoyé par Mersenne à Descartes. « On ne veut pas flatter le jeune auteur, disait Mersenne, toujours ardent pour les nouveautés, en publiant qu'il a passé sur le ventre à tous ceux qui avaient traité ce sujet. »

Ceux qui avaient traité ce sujet, c'était, on peut le dire, tous les géomètres anciens et modernes, jusqu'au jour où Descartes, en embrassant dans une méthode universelle l'étude de toutes les courbes possibles, donnait, pour pénétrer dans la théorie des sections coniques, des armes qu'il croyait irrésistibles. Comme Pascal avec son hexagramme, il se plaçait sur une hauteur de laquelle on peut redescendre pour aborder un point quelconque de l'ensemble. La découverte d'un résultat réellement nouveau n'est nullement par là rendue facile. Pascal et Descartes avaient tous deux, certainement, préparé la voie à toutes les découvertes ultérieures; près de deux siècles se sont écoulés, cependant, avant que Poncelet, Chasles et Steiner, sans contester les résultats ni démentir les assertions et les espérances du xviie siècle, vinssent pour les accomplir transformer la théorie et l'étendre.

A l'indifférence de Descartes pour le travail du prodigieux enfant, se joignait sans doute un peu de mauvaise humeur. Son beau livre sur la géométrie avait paru depuis un an, Pascal s'avance sur l'ancienne route, sans faire mention de l'instrument nouveau qui ne rend tout facile, que quand on s'est rendu habile à le manier.

Descartes fit une seule remarque : « Avant d'avoir lu la moitié de l'essai, j'ai reconnu, dit-il, que l'auteur a appris de M. Desargues, ce qui a été confirmé incontinent par la confession qu'il en fait. »

Pascal n'avait aucune confession à faire; il rend loyalement justice à Desargues. « Nous démontrons, dit-il, la propriété suivante dont le premier inventeur est M. Desargues, Lyonnais, un des plus grands esprits de ce temps et des plus versés aux mathématiques. Je veux bien avouer que je dois le peu que j'ai trouvé sur cette matière à ses écrits, et que j'ai tâché d'imiter, autant qu'il m'a été possible, sa méthode sur ce sujet. »

La situation est nette et fait honneur à tous. Pascal doit à Desargues le principe sur lequel reposent ses théories; c'est, pour le dire en deux mots, celui des propriétés projectives; il le déclare avec une modestie empressée. Desargues, justement fier d'un tel disciple, et satisfait de la citation, s'efface de bonne grâce et s'associe aux amis d'Étienne Pascal pour accorder à Blaise, âgé de seize ans, le titre mérité de grand géomètre. Le beau théorème, devenu classique sous le nom d'hexagramme mystique, appartient sans contestation à Pascal.

Les amis d'Étienne Pascal n'eurent pas tort de se récrier contre l'appréciation trop peu obligeante de Descartes pour un enfant de si rare mérite. Je me permettrai un rapprochement.

Six ans après la naissance de Pascal, en 1629, la Hollande produisait un génie non moins merveilleux que celui de l'illustre enfant de Clermont. Huygens, aussi précoce que Pascal, méritait comme lui, à l'âge où l'on est écolier, l'admiration des juges les plus illustres et montrait dès l'enfance, comme Pascal, la puissance d'invention d'un grand géomètre. A quelque sujet qu'il s'appliquât, Huygens, comme Pascal, passait sur le ventre à ceux qui l'avaient précédé. Le premier essai du jeune Huygens a été, comme celui du jeune Pascal, proposé à l'admiration et à l'étonnement de Descartes, qui, très sobre de louanges suivant sa coutume, après avoir signalé une méprise, qui s'y trouve réellement, a su y voir, cependant, la marque d'un esprit peu commun. Le premier ouvrage imprimé sous le nom de Christian Huygens est relatif au calcul des probabilités : *De ratiociniis in ludo aleae.* Ses résultats élégants et ses ingénieuses méthodes ont pour origine les travaux inédits de Pascal et de Fermat, communiqués au jeune Archimède hollandais par les amis de ces deux grands hommes. Huygens leur devait précisément ce que Pascal avait dû à Desargues; l'idée première de son livre et le principe de sa méthode.

Pascal et Huygens, également loyaux, qui pourrait en douter, ont rendu justice à leurs devanciers dans des termes presque identiques. Huygens a écrit dans l'avertissement qui précède son livre : *Sciendum vero quod jam pridem inter præstantissimos ex tota Gallia geometras calculus hic agitatus fuerit, ne quis indebitam mihi primæ inventionis gloriam hac in re tribuat.* Il y aurait injustice, pour Huygens comme pour Pascal, à transformer en confession et en aveu cette déclaration si loyale et si simple.

Pascal, comme Desargues, satisfait de la citation, dans laquelle cependant son nom n'était pas prononcé, trouva la méthode d'Huygens admirable et chargea Carcavy de le remercier.

Pascal, huit ans après ses découvertes sur les sections coniques, était à Rouen; son père, pour la répartition des contributions entre les villes et les paroisses de la province, avait à faire de longs et minutieux calculs; sans difficulté aucune comme problèmes d'arithmétique, ils devenaient pénibles par le nombre des chiffres à écrire. Le jeune Blaise eut l'idée, très nouvelle alors, de remplacer par une machine, nécessairement infaillible, si elle est bien construite, les calculateurs sujets à erreur, peut-être corruptibles, employés par son père. Fort satisfait de son projet et certain du succès, il fondait sur lui de grandes espérances. La description du mécanisme est impossible, il le déclare lui-même, quand on n'a pas la machine sous les yeux; il s'est borné à une courte annonce.

Nous reproduisons cet avertissement.

« Ami lecteur,

« Cet avertissement servira pour te faire savoir que j'expose au public une petite machine de mon invention par le moyen de laquelle seule tu pourras, sans peine quelconque, faire toutes les opérations de l'arithmétique et te soulager de travail qui t'a souventes fois fatigué l'esprit, lorsque tu as opéré par les jetons ou par la plume. »

Après les explications données sur les manœuvres à exécuter et sur leurs avantages Pascal ajoute :

« La seconde cause que je prévois capable de te donner de l'ombrage, ce sont, cher lecteur, les mauvaises copies de cette machine qui pourraient être produites par la présomption des artisans : en ces occasions, je te conjure d'y porter soigneusement l'esprit de distinction, te garder de la surprise, distinguer entre la copie et la copie, et ne pas juger des véritables originaux par les productions de l'ignorance et de la témérité des ouvriers; plus ils sont excellents dans leur art plus il est à craindre que la vanité ne les enlève par la persuasion qu'ils se donnent trop légèrement d'être capables d'entreprendre et d'exécuter d'eux-mêmes des ouvrages nouveaux, desquels ils ignorent et les principes et les règles; puis, enivrés de cette fausse persuasion, ils travaillent en tâtonnant, c'est-à-dire sans mesures certaines et sans proportions réglées par art; d'où il arrive qu'après beaucoup de temps et de travail, ou ils ne produisent rien qui revienne à ce qu'ils ont entrepris; ou, au plus, ils font paraître un petit monstre auquel manquent les principaux membres, les autres étant informes et sans aucune proportion. Ces imperfections, le rendant ridicule, ne manquent jamais d'attirer le mépris de tous ceux qui le voient, desquels la plupart rejettent, sans raison, la faute sur celui qui, le premier a eu la pensée d'une telle invention.

. . . .

» Cher lecteur, j'ai sujet particulier de te donner ce dernier avis, après avoir vu de mes yeux une fausse exécution de ma pensée, faite par un ouvrier de la ville de Rouen, horloger de profession, lequel, sur le simple récit qui lui fut fait de mon premier modèle que j'avais fait quelques mois auparavant, eut assez de hardiesse pour en entreprendre un autre, et, qui plus est, par une autre espèce de mouvement; mais, comme le bonhomme n'a autre talent que celui de manier adroitement ses outils, et qu'il ne sait pas seulement si la géométrie et la mécanique sont au monde : aussi (quoiqu'il soit très habile dans son art, et même très industrieux en plusieurs choses qui n'en sont point) ne fit-il qu'une pièce inutile, propre véritablement, polie et très bien limée par le dehors, mais tellement imparfaite au dedans qu'elle n'est d'aucun usage. Toutefois, à cause seulement de la nouveauté, elle ne fut pas sans estime parmi ceux qui n'y connaissent rien, et nonobstant tous les défauts essentiels que l'épreuve y fit reconnaître, ne laissa pas de trouver place dans le cabinet d'un curieux de la même ville, rempli de plusieurs autres pièces rares et ingénieuses. »

Pascal, nous en verrons d'autres exemples, a l'esprit batailleur et violent dans la lutte. Le problème résolu par lui était nouveau mais facile; sur la seule annonce de sa machine à calculer, l'horloger, qu'il traite avec tant de hauteur et de dédain, avait pris les devants et son travail fut admiré de ceux qui l'essayèrent. Pascal, irrité, se montre non seulement piquant mais injuste.

La découverte du baromètre, faite en Italie par Toricelli et apportée en France par Mersenne, excita la curiosité et l'ardeur de Pascal. Il voulut faire lui-même l'expérience. Non content d'en constater l'exactitude, il en varia les détails; ses conclusions publiées, en 1647, dans un livret, comme on disait alors, composé de quinze pages seulement, sont fort éloignées de l'explication véritable à laquelle, peu de temps après, il devait prendre une si grande part.

Pascal, après les premières expériences, et lors de la publication de son premier écrit sur le vide, ne rattachait nullement à la pression atmosphérique l'élévation du mercure dans le baromètre; l'horreur du vide, pour lui comme pour Galilée interrogé par les fontainiers de Florence, procurait l'élévation du vif-argent. Il ne croyait pas cette horreur invincible et la conclusion importante de ses expériences était, à ses yeux, la possibilité d'obtenir un espace vide de toute substance connue.

En 1647, au moment où il publiait ses recherches sur le vide, Pascal ne connaissait pas encore la théorie du baromètre.

« Mon cher lecteur, dit-il, quelques considérations m'empêchent de donner à présent un traité entier où j'ai rapporté quantité d'expériences nouvelles que j'ai faites touchant le vide et les conséquences que j'en ai tirées.

» L'occasion de ces expériences est telle : Il y a environ quatre ans qu'en Italie on a éprouvé qu'un tuyau de verre de quatre pieds, dont un bout est ouvert et l'autre scellé hermétiquement, étant rempli de vif-argent, puis l'ouverture bouchée avec le doigt ou autrement, et le tuyau disposé perpendiculairement à l'horizon, l'ouverture bouchée étant vers le bas, et plongée deux et trois doigts dans d'autre vif-argent, contenu en un vaisseau moitié plein de vif-argent et l'autre moitié d'eau; si on débouche l'ouverture, demeurant toujours enfoncée dans le vif-argent du vaisseau, le vif-argent du tuyau descend en partie, laissant au bout du tuyau un espace vide en apparence, le bas du même tuyau demeurant plein du même vif-argent jusqu'à une certaine hauteur. Et si on hausse un peu le tuyau jusqu'à ce que son ouverture, qui trempait auparavant dans le vif-argent du vaisseau sortant de ce vif-argent, arrive à la région de l'eau, le vif-argent du tuyau monte jusqu'en haut avec l'eau, et les deux liqueurs se brouillent dans le tuyau ; mais enfin tout le vif-argent tombe, et le tuyau se trouve tout plein d'eau. »

On voit assez par cette citation que jamais Pascal n'a eu l'intention de s'approprier l'idée première de l'expérience.

L'horreur du vide est, dans ce premier écrit, la seule explication qu'il propose. Cette nature qui abhorre le vide et ne peut l'empêcher, qui, pour parler le langage théologique, possède le pouvoir directif, non le coactif, ne le satisfait pas complètement.

Le livret se termine par des objections auxquelles il annonce une réponse qu'il n'a jamais produite.

Objections.

I. — Que cette proposition, qu'un espace est vide, répugne au sens commun.

II. — Que cette proposition que la nature abhorre le vide, et néanmoins l'admet, l'accuse d'impuissance ou implique contradiction.

III. — Que plusieurs expériences, et même journalières, montrent que la nature ne peut souffrir le vide.

IV. — Qu'une matière imperceptible, inouïe et inconnue à nos sens, remplit cet espace.

V. — Que, la lumière étant un accident, ou une substance, il n'est pas possible qu'elle se soutienne dans le vide, si elle est un accident; et qu'elle remplisse l'espace vide en apparence, si elle est une substance.

Toricelli alors était plus avancé. Il rattachait nettement la pression qui refoule le mercure, à la pesanteur de l'air, sans attribuer aucun rôle à l'action du vide qui est nulle; mais il n'imprimait rien. Toricelli était prudent. Les hérésies scientifiques dans les écoles étaient dangereuses, pour ainsi parler, comme des atteintes à la foi.

Pascal, en 1647, ne cite pas le nom de Toricelli, il l'ignorait sans doute encore. On se compromettait en niant l'horreur du vide. Mersenne, en ami prudent, avait dû taire le nom de l'auteur d'une telle hardiesse. Les savants italiens cependant le connaissaient aussi bien que Mersenne.

Trois ans après, en 1651, nous le savons par le témoignage de Pascal, le nom de Toricelli était célèbre en France, sans que pourtant aucun ouvrage imprimé eût fait encore mention de lui.

La pensée d'accuser Pascal de plagiat ne pouvait naître chez les lecteurs de son premier écrit. Il y rapporte très expressément, comme faite en Italie, l'expérience dont l'annonce avait provoqué ses recherches. En réservant le nom de l'auteur, il lui laisse tout l'honneur de la découverte.

Dans une thèse soutenue en 1651 au collège des jésuites de Montferrant, en présence de M. Ribeyre, président de la Cour des aides de Clermont, Pascal cependant fut accusé d'avoir voulu s'attribuer les découvertes d'autrui.

Les termes du prologue, recueillis par un assistant et envoyés à Pascal, ne peuvent laisser aucun doute.

Ces thèses portaient en substance :

« Il y a certaines personnes, aimant la nouveauté, qui veulent se dire les inventeurs d'une certaine expérience dont Toricelli est l'auteur, qui a été faite en Pologne et nonobstant cela, ces personnes voulant se l'attribuer, après l'avoir faite en Normandie, sont venues la publier en Auvergne. »

Pascal ajoute dans une lettre à M. Ribeyre :

« Vous voyez que c'est moi dont on a parlé, et qu'on m'a particulièrement désigné en spécifiant les provinces de Normandie et d'Auvergne. Je ne vous cèle point, monsieur, que je fus merveilleusement surpris d'apprendre que ce Père, que je n'ai point l'honneur de connaître, dont j'ignore le nom, que je n'ai aucune mémoire d'avoir vu seulement, avec qui je n'ai rien du tout de commun, ni directement, ni indirectement, neuf ou dix mois après que j'ai quitté la province, quand j'en suis éloigné de cent lieues, et lorsque je ne pense à rien moins, m'ait choisi pour sujet de son entretien.

. . . .

» Pour vous éclaircir pleinement de tout ce démêlé, vous remarquerez, s'il vous plaît, monsieur, que ce bon Père vous a fait entendre deux choses : l'une que je m'étais dit l'auteur de l'expérience de Toricelli; l'autre que je ne l'avais faite en Normandie qu'après qu'elle avait été faite en Pologne.

» Si ce bon Père avait dessein de m'imputer quelque chose, il pouvait avoir fait un choix plus heureux; car il y a de certaines calomnies dont il est difficile de prouver la fausseté, au lieu qu'il se rencontre ici, malheureusement pour lui, que j'ai en main de quoi ruiner si certainement tout ce qu'il a avancé, que vous ne pourrez, sans un extrême étonnement, considérer d'une même vue la hardiesse avec laquelle il a débité ses suppositions et la certitude que je vous donnerai du contraire. »

Les explications de Pascal sont, en effet, aussi précises que concluantes. L'accusation n'a pas laissé de traces. Pascal n'avait aucun tort envers Toricelli. On doit regretter que, dix ans après, dans une autre occasion, il ait eu la légèreté d'accueillir, sans examiner les preuves, contre l'illustre disciple de Galilée, une accusation non moins injuste que celle dont Pascal lui-même s'était si facilement justifié.

Pascal continuant ses études et ses méditations avait été instruit de l'explication de Toricelli; il la trouva fort belle mais vraisemblable plus que certaine : une preuve plus rigoureuse était nécessaire; il la demanda à la dépression de la colonne barométrique quand on s'élève au-dessus de la terre. Une première expérience faite à Paris, sur la tour Saint-Jacques, dit-on, peut-être suivant des conjectures plus récentes, sur l'une des tours Notre-Dame, ne lui parut pas entièrement concluante; la dépression de la colonne était trop faible et de même ordre que les variations observées d'un jour à l'autre; il pria Perier son beau-frère, d'observer la colonne le même jour à Clermont et sur le sommet du puy de Dôme. Le récit très clair et très intéressant de Perier est trop connu pour qu'il soit utile de le transcrire; disons seulement que l'expérience ayant été faite sur deux baromètres différents qui se trouvèrent d'accord, dans le jardin des Pères Minimes, qui est presque le lieu le plus bas de la ville de Clermont, l'un des deux tubes restant en place à Clermont, on marqua la hauteur du vif-argent, et un observateur fut chargé d'en surveiller pendant toute la journée les variations qui furent petites; on transporta l'autre tuyau, préalablement vidé bien entendu, sur la montagne du puy de Dôme à la hauteur de cinq cents toises et, ayant fait les mêmes expériences que dans le jardin des Minimes, on trouva que la hauteur du vif-argent était de trois pouces plus petite que dans le jardin des Minimes, ce qui, dit Perier, nous ravit tous d'admiration et d'étonnement. La démonstration était certaine et les prévisions réalisées. Le poids de la colonne atmosphérique fait équilibre à celui de la colonne de vif-argent : cinq cents toises de moins, en rendant la première moins pesante, procurent dans la seconde un abaissement de trois pouces. Cinq cents toises représentent douze mille fois trois pouces; l'air doit donc être, en moyenne, dans la région traversée, douze mille fois plus léger que le mercure.

A ce raisonnement se présente une objection : le baromètre, dans une chambre fermée, se comporte comme en plein air; la colonne atmosphérique qui pèse sur lui est limitée cependant par le plafond de la chambre; la hauteur de la colonne d'air est donc indifférente; au sommet du puy de Dôme il devrait en rester plus qu'il ne faut. Chacun pouvait faire l'objection, elle se présente d'elle-même. Pascal au moment où l'expérience fut tentée pouvait seul y répondre; il avait découvert et démontré l'égalité des pressions sur un plan horizontal; et la netteté de ses idées sur la transmission des pressions dans un fluide, justifiait sa confiance dans le résultat annoncé. L'intérieur d'une chambre doit se mettre en équilibre avec l'air extérieur; la clôture n'est jamais assez parfaite pour empêcher la sortie de l'air, s'il est trop pressé, et sa rentrée s'il ne l'est pas assez. En plein air, la colonne d'air pèse de tout son poids sur la cuvette barométrique; à l'intérieur d'une chambre, le poids de l'air renfermé dans la chambre joue un rôle insignifiant, la pression vient des parois qui, pour s'opposer à la sortie de l'air, exercent l'action nécessaire.

Pascal, en étudiant la pression atmosphérique, avait porté ses méditations sur la théorie des liquides, et découvert, sans y laisser de nuage, la loi des pressions d'un liquide pesant dans son intérieur et sur les parois. Aucun mot de son livre n'est à retrancher aujourd'hui. Les plus habiles, avant lui, sur ces difficiles questions, n'avaient donné que des vues sans rigueur et des résultats imparfaits. Le livre, publié un an après sa mort, contient en outre, c'est par là surtout qu'il est immortel, l'annonce d'une découverte originale et importante, démontrée, avant l'expérience, par des considérations exactes et profondes sur les machines. En aucune des pages qu'il a laissées, Pascal ne paraît plus admirable que dans la théorie de la presse hydraulique.

« Si un vaisseau plein d'eau, clos, de toutes parts a deux ouvertures, l'une centuple de l'autre, en mettant à chacune un piston qui lui soit juste, un homme pressant le petit piston égalera la force de cent hommes qui pousseront celui qui est cent fois plus large, et en surmontera quatre-vingt-dix-neuf.

» Et, quelque proportion qu'aient ces ouvertures, si les forces qu'on mettra sur les pistons sont comme les ouvertures, elles seront en équilibre. D'où il paraît qu'un vaisseau plein d'eau est un nouveau principe de mécanique, et une machine nouvelle pour multiplier les forces à tel degré qu'on voudra, puisqu'un homme, par tel moyen, pourra enlever tel fardeau qu'on lui proposera.

» Et l'on doit admirer qu'il se rencontre en cette machine nouvelle cet ordre constant qui se trouve en toutes les anciennes, savoir le levier, le tour, la vis sans fin, etc... qui est, que le chemin est augmenté en même proportion que la force, car il est visible que, comme une de ces ouvertures est centuple de l'autre, si l'homme qui pousse le petit piston l'enfonçait d'un pouce, il ne repousserait l'autre que de la centième partie seulement : car, comme cette impulsion se fait à cause de la contrainte de l'eau, qui communique de l'un des pistons à l'autre, et qui fait que l'on ne peut le mouvoir sans pousser l'autre, il est visible que, quand le petit piston s'est mû d'un pouce, l'eau qu'il a poussée, poussant l'autre piston, comme elle trouve son ouverture cent fois plus large, elle n'y occupe que la centième partie de la hauteur, de sorte que le chemin est au chemin comme la force à la force; ce que l'on peut prendre même pour la vraie cause de cet effet : étant clair que c'est la même chose de faire faire un pouce de chemin à cent livres d'eau, que de faire faire cent pouces de chemin à une livre d'eau; et qu'ainsi, lorsqu'une livre d'eau est tellement ajustée avec cent livres d'eau, que les cent livres ne puissent se remuer d'un pouce qu'elles ne fassent remuer la livre de cent pouces, il faut qu'elles demeurent en équilibre, une livre ayant autant de force pour faire faire un pouce de chemin à cent livres, que cent livres pour faire faire cent pouces à une livre. »

Les mécaniciens, depuis Archimède, depuis Aristote même, et sans doute longtemps avant que la mécanique méritât le nom de science, ont connu le levier et le moyen de grandir l'effet des forces. Ni les Égyptiens ni les Celtes ne l'ignoraient quand ils ont élevé des obélisques ou dressé des menhirs. Le problème est depuis longtemps facile. La presse hydraulique le résoud d'une manière originale et nouvelle en inscrivant le nom de Pascal en tête de l'une des grandes voies de la science. Les tuyaux aujourd'hui sont parfaits : une colonne d'eau peut distribuer l'action à toute distance, en appliquant le principe de Pascal. On élève chaque matin un poids immense qui transportera, par la pression, le travail devenu disponible sur le point, si éloigné qu'il soit, où on voudra l'utiliser. La force, toujours proportionnelle à la surface pressée, pourra grandir ou diminuer sans limites.

L'expérience du puy de Dôme, la plus retentissante des tentatives scientifiques de Pascal, est loin d'en être la plus importante. Justement fier de l'avoir seul imaginée, il a dédaigneusement, trop dédaigneusement même, repoussé sur ce point les réclamations de Descartes.

Une lettre de Jacqueline à sa sœur raconte l'entrevue dans laquelle, suivant Descartes, Pascal aurait reçu de lui le conseil qu'il a suivi sans lui attribuer aucune part de l'honneur.

Pascal, s'il faut en croire Descartes, aurait manqué dans cette affaire, non seulement de courtoisie mais de délicatesse; il a, dit-il, suggéré à Pascal l'idée de l'expérience, en insistant pour qu'il la fît. Pascal a suivi le conseil, s'en est fait honneur, n'a pas nommé Descartes et ne lui a pas même adressé d'exemplaire du récit. En vain, par l'intermédiaire de leur ami commun Carcavy, Pascal fut informé de l'étonnement de Descartes, il ne répondit pas. Nous avons la lettre de Descartes à Carcavy :

« 'Je me promets que vous n'aurez pas désagréable que je vous prie de m'apprendre le succès d'une expérience qu'on me dit que M. Pascal avait faite, ou fait faire, sur les montagnes d'Auvergne. J'aurais le droit d'attendre cela de lui plutôt que de vous, parce que c'est moi qui l'ai avisé, il y a deux ans, de faire cette expérience, et qui l'ai assuré que, bien que je ne l'eusse pas faite, je ne doutais pas du succès, mais parce qu'il est l'ami de M. de Roberval qui fait profession de n'être pas le mien, et que j'ai déjà vu qu'il a déjà tâché d'attaquer ma matière subtile dans un certain imprimé de deux ou trois pages, j'ai lieu de croire qu'il suit la passion de son ami. »

L'imprimé de Pascal n'a pas laissé de traces, à moins que Descartes, parlant du traité sur le vide, ait voulu, par un procédé qui n'est pas rare, traiter son adversaire comme un inconnu, dont l'ouvrage n'a pas même fixé son attention, en désignant à dessein, comme un écrit de deux ou trois pages, un livret qui en a quinze ou vingt.

C'est ainsi que Bossuet, affectant d'ignorer le théâtre de Molière, prend pour exemple, dans sa lettre sur la comédie, la pièce du *Médecin par force.*

L'accusation cependant est expresse ; Pascal a gardé le silence, c'est la plus forte, sinon la plus courtoise des réponses. L'accusation de Descartes a réjoui le Père Daniel, Bossut l'a discutée, Cousin, plus ami de Descartes que de Pascal, l'a accueillie comme certaine.

S'il fallait, en présence de deux assertions contraires, conclure que Descartes ou Pascal ont sciemment altéré la vérité, le problème serait insoluble. Nous n'en sommes pas réduits là. Le récit de la visite de Descartes à Pascal permet de concilier la véracité de Descartes avec l'entière bonne foi de Pascal. Pascal était malade ; pour diminuer la fatigue qu'il redoutait, il avait fait venir Roberval. Descartes avait des explications pour tout et les proposait comme certaines; il parla de la matière subtile avec un grand sérieux, et Pascal lui répondit comme il put. L'accent ironique de Jacqueline, en le racontant à sa sœur, nous montre clairement le sentiment de Blaise; il faisait effort pour se montrer poli, mais la confiance superbe de Descartes le faisait sourire.

Il fut question de la colonne d'air; Descartes y croyait fort, mais par une raison que Pascal n'approuvait pas, Roberval était contre. Pascal, pour éviter la fatigue, laissait discourir Descartes qui faisait la leçon à tous. Pascal trouvait ses explications ridicules; il ne pouvait prendre la matière subtile au sérieux. Les principes de Descartes produisaient sur lui l'étonnement qu'ils rencontreraient aujourd'hui chez un physicien qui les entendrait proposer sérieusement; il croirait son interlocuteur aliéné. Lorsque Descartes, comme il n'en faut pas douter puisqu'il l'affirme, parla de l'expérience à faire, Pascal laissa passer la phrase comme tant d'autres, sans y faire de réponse, le projet pour lui n'était pas nouveau, l'idée continuait à lui appartenir. Était-il tenu par la délicatesse de mentionner l'entretien dans lequel Descartes, sans lui rien apprendre, avait exprimé des idées absolument contraires aux siennes? Il faudrait, pour répondre, savoir comment la matière subtile, qui faisait rire Pascal, était mêlée au discours de Descartes.

Si Descartes, comme il est permis de le supposer, a, pour instruire le jeune Pascal, emprunté ses arguments et ses idées à sa correspondance alors inédite, et à quelques-uns de ses livres, Pascal, poliment attentif à ne pas rire, a pu entendre, sans l'écouter, une partie de ses discours. Si Descartes a répété, par exemple, cette phrase citée à l'appui de ses prétentions : « Si l'on nous demande ce qui arriverait en cas que Dieu ôtât tout le corps qui est dans un vase, sans qu'il permît qu'il en rentrât d'autres, je répondrai que les côtés du vase se trouveraient si proches qu'ils se toucheraient immédiatement, » Pascal en a conclu, car la conséquence est certaine, que Descartes croyait à l'impossibilité du vide. Si, voyant le vif-argent suspendu dans un tube renversé, Descartes a dit, comme il le fait dans une lettre à Mersenne : « Imaginez l'air comme de la laine, et l'éther qui est dans ses pores comme des tourbillons de vent qui se meuvent çà et là dans cette laine, et pensez que le vent, qui se joue de tous côtés entre les petits fils de cette laine, empêche qu'ils ne se pressent l'un contre l'autre comme ils pourraient le faire; » c'est alors sans doute que, comme le dit sa sœur Jacqueline, Pascal répondit comme il put. Si Descartes, reprenant l'explication donnée à Mersenne, a dit : « L'observation que les pompes ne tirent pas d'eau à plus de dix-huit brasses doit se rapporter à la matière des pompes ou à celle de l'eau même qui s'écoule entre la pompe et le tuyau, plutôt que de s'élever plus haut; » Pascal, excusable de se tromper, a pu sourire de Descartes et de son imperturbable confiance. Si enfin Descartes, comme dans une autre de ses lettres, a dit : « L'eau des pompes monte avec le piston qu'on tire en haut, à cause que, n'y ayant point de vide en la nature, il ne peut s'y faire aucun mouvement qu'il n'y ait tout un cercle de corps qui se meuvent en même temps », la pensée de mêler au récit de son expérience, le nom d'un adversaire aussi déclaré de la théorie qu'il voulait établir, n'aurait pu se présenter à l'esprit de Pascal que comme occasion de polémique.

Les conjectures ne sont pas des preuves. Pascal avait changé d'avis; son traité sur le vide nous en donne la preuve; avant d'indiquer comme véritable l'élévation du mercure par la pression atmosphérique, il avait cru à l'horreur limitée du vide. Les explications si contraires à la vérité recueillies dans les Œuvres de Descartes, pourraient se concilier avec une théorie plus exacte adoptée le jour de la visite à Pascal; je sais et ne dois pas taire, que l'on rencontre dans les Œuvres de Descartes des passages favorables à ses prétentions, ils prouvent sa bonne foi; ceux que j'ai réunis permettent de croire à celle de Pascal.

Condorcet, sous le nom d'éloge de Pascal, a donné, comme préface à l'édition des *Pensées de Pascal* annotée par Voltaire, un véritable pamphlet contre celui qu'il annonce l'intention de louer.

Le rôle de Pascal dans la création du calcul des probabilités y est apprécié avec une injustice d'autant plus blâmable, que Condorcet, géomètre instruit et proclamé même, par ses amis, supérieur dans la science à Pascal, avait, sur ces questions, l'autorité et la responsabilité d'un juge compétent; c'est pour elles cependant qu'il réserve ses appréciations les plus perfides.

« Les principes que Pascal a employés, dit-il, reviennent à ceux de Huygens, qui s'occupait de ce calcul à peu près dans le même temps, et il me semble que Pascal les appuie sur des fondements moins solides. »

L'injustice est flagrante et sans excuse; Huygens, en s'occupant du calcul des probabilités, *à peu près* dans le même temps que Pascal, profitait des idées recueillies pendant son voyage en France, près des amis de l'illustre inventeur, il le déclare à la première page de son livre. *Ne quis indebitam mihi primæ inventionis laudem tribuat.*

Il est difficile de comprendre que Condorcet n'ait pas lu cette ligne; plus difficile encore de supposer que, l'ayant lue, il n'en ait pas tenu compte.

Pascal n'a rien publié sur le calcul des probabilités; ses lettres à Fermat contiennent seules l'énoncé des beaux problèmes que lui avait proposés le chevalier de Méré, et les solutions dont les conséquences ont été si grandes. Les principes de Pascal ont fait naître le traité d'Huygens, et le traité d'Huygens, l'*Ars conjectandi* de Jacques Bernouilli qui en a fait le premier chapitre de son beau livre. Sans Pascal, la science n'aurait pas eu le livre de Jacques Bernouilli et l'admirable théorème qui le termine.

Le calcul des chances, pour chaque jeu de hasard, se faisait très correctement, longtemps avant Pascal. La science des hasards n'était pour cela ni faite ni commencée. On n'étudiait les combinaisons que pour les compter. On a pour l'as avec un dé, une chance sur six, et pour le sonnez, avec deux dés, une chance sur trente-six. Un ponte, au jeu du passe-dix, jette trois dés; chacun peut compter, s'il a de la patience, ou calculer, s'il sait un peu d'algèbre, que, sur deux cent seize combinaisons possibles, cent huit, c'est-à-dire la moitié précisément, donnent une somme de points supérieurs à dix. Le joueur gagne dans ce cas, et le jeu est équitable.

Les questions traitées par Pascal sont d'un autre ordre.

Une partie est commencée. Les joueurs se séparent sans la terminer. Comment doit-on partager les enjeux? Il ne s'agit pas ici de compter les cas possibles, mais de découvrir et de démontrer un principe, dans un ordre d'idées inaccessible en apparence aux mathématiques.

Un des joueurs n'a-t-il pas le droit de dire : les règles du jeu sont faites pour les parties qui se terminent; elles n'ont pas prévu le partage, et comme elles sont ma seule loi, je refuse d'accepter les conclusions de Pascal. Celui qui parlerait ainsi serait dans son droit. Le problème alors ne sera pas résolu. Pascal propose une solution *équitable*, aucune autre ne le peut être; il le prouve en définissant les mots, selon sa coutume, de manière à réduire les contradicteurs au silence.

Après la mort de Pascal, on a trouvé, tout imprimé parmi ses papiers, un écrit sur le triangle arithmétique. C'est une forme donnée à l'étude des coefficients des puissances entières du binôme. Dans la démonstration de théorèmes élégants, que l'algèbre rendrait plus simples, il déploie une grande habileté à en éviter l'emploi.

Pascal plaçait l'importance des résultats au-dessus des difficultés vaincues. Les problèmes sur le hasard, entre ses travaux mathématiques, avaient à ses yeux le premier rang.

Lorsque, pour se livrer à ses pieuses méditations, il se sépara des mathématiques, et surtout des mathématiciens, ceux qui désiraient la solution d'un problème s'efforçaient de rencontrer le maître qui les surpassait tous, et n'obtenaient qu'à grand'peine une réponse. Il ne résistait pas quand il s'agissait du calcul des probabilités. C'était son domaine. Huygens s'en est emparé en priant le lecteur de son petit chef-d'œuvre de ne pas lui attribuer une gloire imméritée.

Pascal repoussait la géométrie; elle le poursuivait. De cruelles insomnies l'y ramenèrent; il rencontra, en l'année 1658, malgré lui pour ainsi dire, la solution de plusieurs problèmes sur la cycloïde, remarquables, surtout à cette époque, par leur grande difficulté.

Nous sommes entourés de cycloïdes invisibles, décrites et non tracées, quand une voiture est en marche, par chaque point de la circonférence de chaque roue.

Chaque étoile est un soleil, entouré, tout porte à le croire, par des planètes invisibles à nos faibles yeux, et inaccessibles à nos impuissantes lunettes. Si l'une de ces planètes décrit un cercle autour de son soleil, et que l'étoile, rendue fixe en apparence seulement, par son immense distance, se meuve en réalité en ligne droite, le cercle planétaire se déplacera comme la roue d'un char immense, et la planète qui le parcourt, si le rapport des vitesses a la valeur convenable, décrira dans l'espace une cycloïde.

Victor Hugo a parlé de

>...l'ombre de la rampe
>Qui, le long du mur rampe,

s'il avait su que cette ombre, pour un escalier en vis à jour, peut faire paraître une cycloïde sur le palier horizontal de chaque étage, le mot cycloïdal aurait eu peut-être l'honneur d'être écrit dans les *Orientales*.

Galilée, et non Mersenne comme le croyait Pascal, fut le premier à signaler la cycloïde. Roberval, Fermat, Descartes, Huygens, Wren et Toricelli y ont appliqué leur esprit. Pascal élargit le cercle des problèmes résolus. Ses amis, prompts à l'admirer, virent dans ses découvertes le dernier effort de la géométrie. Pour grandir la renommée du défenseur de Port-Royal, ils l'engagèrent à proposer, sous forme de défi, la solution de ces problèmes nouveaux, avec promesse de quarante pistoles au vainqueur du concours, et de vingt pistoles à qui mériterait le second rang. Les plus illustres géomètres accueillirent avec étonnement ces problèmes d'apparence si nouvelle. Huygens ne dédaigna pas de s'y essayer, en résolut quelques-uns et s'arrêta devant la difficulté des autres : il crut la solution impossible.

La garantie de Pascal aurait, sans aucun doute, paru suffisante, mais le défi était anonyme. Les plus illustres envoyèrent des solutions; Wren, qui se signala entre tous, alla même au delà des questions proposées. Deux concurrents seulement eurent la prétention de les avoir toutes résolues.

Le grand géomètre anglais Wallis et le jésuite Lalouère crurent mériter le prix : ils ne l'obtinrent pas. Tous deux avaient commis des erreurs.

Le programme du concours contenait une clause, libérale en apparence, fort imprudente en réalité. On ne devait pas tenir compte des erreurs de calcul. Qu'est-ce qu'une erreur de calcul? Comment fixer la limite? Wallis et Lalouère, écartés tous deux par les juges du concours, se crurent en droit de réclamer; leurs méthodes, disaient-ils, étaient exactes : le temps leur avait manqué pour vérifier les calculs.

Il est impossible aujourd'hui de savoir sur ce point la vérité. Tous deux ont publié des solutions exactes, mais longtemps après, lorsque Pascal avait donné les siennes. En quoi diffèrent-elles des mémoires envoyés au concours? ils ont négligé tous deux de le dire.

La réputation de Condorcet donnerait de l'importance à son appréciation si son parti pris contre Pascal n'était pas évident.

« Il serait à désirer, dit-il, qu'on pût excuser la conduite de Pascal dans ses démêlés avec Wallis et le jésuite Lalouère.

» Pascal, se trompant sur le chiffre, s'était engagé à donner cent pistoles à chaque géomètre qui résoudrait avant le premier octobre 1647, les problèmes proposés sous le nom de Dettonville. »

Pascal n'avait promis que quarante pistoles; non à tous les géomètres qui résoudraient ses problèmes, mais à celui qui les résoudrait le mieux. Écoutons Condorcet :

« Wallis, résolut les problèmes avant ce terme; un certificat d'un notaire d'Oxford le prouvait; Pascal avait même reçu cette solution avant le jour prescrit. Mais Dettonville exigeait, dans son programme, que la solution fût remise à un notaire de Paris, ou à M. Carcavy dépositaire des cent pistoles; et c'est uniquement sur le défaut de cette formalité que le prix fut refusé à Wallis.

» Lalouère dont la solution avait été trop tardive, ne pouvait prétendre au prix, mais il avait résolu les problèmes proposés. Pascal ne voulut pas en convenir.

« Nous avons dit que son projet, en publiant les problèmes, était de gagner de l'autorité auprès de ce qu'on appelait alors les esprits forts. Sans doute, il crut que, pour l'intérêt de la bonne cause, il ne fallait pas qu'un jésuite partageât sa gloire. Quelques fautes de copiste que Lalouère avait laissées dans le manuscrit furent le prétexte de cette injustice. Pascal, dans les écrits qu'il publia à ce sujet, eut encore, comme dans ses autres querelles avec les jésuites, le talent d'être plaisant et d'avoir le public pour lui.

» Peut-être Pascal s'imaginait-il n'avoir été que juste envers Lalouère, et qu'il haïssait trop les jésuites pour imaginer qu'il pût y avoir chez eux de bons géomètres; il serait cruel d'être obligé de soupçonner Pascal de mauvaise foi; disons plutôt qu'il se laissa entraîner à l'esprit de parti, seule tache qu'il faille reconnaître dans cet homme célèbre et qu'on doit pardonner surtout dans un siècle où la raison, réduite à quelques disciples isolés et cachés, n'avait point encore de parti. »

Condorcet joint l'exemple au précepte en affirmant que Lalouère et Wallis avaient mérité le prix. Ni l'un ni l'autre ne l'ont sérieusement réclamé. Tout en défendant leurs méthodes, ils ont abandonné leurs résultats, sans alléguer pour excuse, comme Condorcet, des erreurs de copiste.

Wallis était si loin d'avoir résolu tous les problèmes qu'il écrivait à Huygens le 1ᵉʳ janvier 1659, après la clôture du concours :

Pleraque saltem solvimus, tam ego sic et dominus Wren. An omnia possint aliter quam per approximationem geometricè solvi, dubitavimus.

Quant à Lalouère, après avoir corrigé plusieurs fois ses solutions, il n'envoya pas en temps utile de résultats définitifs, et déclara formellement sa renonciation au concours. En refusant d'accorder le prix, Pascal se montra rigoureux, mais juste. Il n'est pas pour cela irréprochable. Le concours avait eu lieu sur son invitation, il avait choisi les juges, lui-même se chargeait du rapport; s'il ne devait les quarante pistoles qu'à des solutions irréprochables, la courtoisie demandait quelques paroles bienveillantes sur les preuves de savoir et de talent certainement mêlées aux erreurs commises; Pascal accorde strictement ce qu'il doit, c'est-à-dire rien, sans adoucir, par la bienveillance de la forme, la rigueur nécessaire de la sentence.

Wallis avait écrit que les défauts qui pouvaient être dans ses solutions, et qu'il appelle des erreurs de calcul, n'empêchaient pas, selon son avis, que la difficulté des problèmes ne fût surmontée : « On s'appliqua donc, dit Pascal, à l'examen des mémoires, et on jugea que, ni dans ses premiers écrits, ni dans ses corrections, il n'avait trouvé ni les véritables dimensions des solides autour de l'axe, ni le centre de gravité de la roulette, et l'on trouva qu'outre les erreurs qu'il avait corrigées, il en avait aussi laissé d'autres et qu'il y en avait de nouvelles dans ses corrections mêmes, lesquelles se rencontrent dans presque tous les articles depuis le trente jusqu'au dernier. »

Les trente premiers articles étaient exacts, on doit le croire, mais la manière de le dire n'est pas gracieuse.

« On jugea aussi que les erreurs n'étaient point de calcul, mais de méthode, et proprement des paralogismes, parce que les calculs qu'il donne sont très conformes à ses méthodes ; on jugea que les erreurs de ses écrits donnaient sans difficulté l'exclusion. »

Sévère, on le voit, pour Wallis, Pascal est dur et injurieux pour Lalouère. Le jésuite ayant renoncé à ses prétentions sur le prix, on n'avait nul besoin de signaler ses erreurs, moins encore d'inviter le public à en rire. Après avoir déclaré que Lalouère a renoncé à concourir, il ajoute :

« On examina cependant, en déclarant qu'on n'avait pas à y apporter grande attention, et même on vit d'abord qu'il en fallait fort peu pour en juger, parce que les mesures qui y sont données sont différentes des véritables presque de moitié, et que, dans un solide aigu par une extrémité, et qui va toujours en s'élargissant vers l'autre, il assigne le centre de gravité vers l'extrémité aiguë; ce qui est manifestement contre la vérité. »

Pascal, dans le récit qui accompagne son rapport, et qu'il nomme histoire de la cycloïde, apporte contre Toricelli d'inexplicables préventions et, sans assigner de preuves, porte contre lui de graves accusations, avec une précision telle, que les études les plus attentives et les plus certaines, en démontrant la complète innocence de l'illustre inventeur du baromètre, ont encore aujourd'hui laissé quelques incrédules.

« Un Français, M. de Beaugrand, dit Pascal, ayant ramassé les solutions du plan de la roulette, dont il y avait plusieurs copies, avec une excellente méthode de *maximis* et *minimis*, de M. de Fermat, il envoya l'une et l'autre à Galilée, sans en nommer les auteurs; il est vrai qu'il ne dit pas précisément que cela fût de lui, mais il écrivit de sorte qu'en n'y prenant pas garde de près, il semblait que ce n'était que par modestie qu'il n'y avait pas mis son nom, et pour déguiser un peu les choses, il changea les premiers noms de *roulette* et *trochoïde* en celui de cycloïde. Galilée mourut bientôt après, et M. de Beaugrand aussi. Toricelli succéda à Galilée, et tous ses papiers lui étant venus entre les mains, il y trouva entre autres les solutions de la roulette sous le nom de cycloïde, écrites de la main de M. de Beaugrand, qui paraissait en être l'auteur, lequel étant mort, il crut qu'il y avait assez de temps passé pour faire que la mémoire en fût perdue, et ainsi il pensa à en profiter. Il fit donc imprimer son livre en 1644, dans lequel il attribue à Galilée ce qui est dû au Père Mersenne, d'avoir formé la question de la roulette; et à soi-même

d'en avoir le premier donné la résolution :
en quoi il fut non seulement inexcusable, mais
encore malheureux; car ce fut un sujet de rire
en France de voir que Toricelli s'attribuait,
en 1644, une invention qui était, publiquement
et sans contestation, reconnue depuis huit ans
pour être de M. de Roberval, et dont il y avait,
outre une infinité de témoins vivants, des
témoignages imprimés, et entre autres un
écrit de M. Desargues, imprimé à Paris au
mois d'août 1640, avec privilège, où il est dit
que la roulette est de M. Roberval, et la méthode de *maximis* et *minimis* de M. de Fermat.

» M. de Roberval s'en plaignit donc à Toricelli, par une lettre qu'il lui écrivit la même
année; et le Père Mersenne en même temps;
mais encore plus sévèrement; il lui donna
tant de preuves, et imprimées, et de toutes
sortes, qu'il l'obligea d'y donner les mains, et
de céder cette invention à M. de Roberval,
comme il fit par lettres que l'on garde, écrites
de sa main du même temps. »

Ce récit circonstancié — qui pourrait le supposer? — n'est soutenu par aucune preuve. Les lettres alléguées, publiées depuis, ne disent rien de ce qu'affirme Pascal. Roberval, en qui il avait toute confiance, est très certainement l'auteur des conjectures produites comme certaines. Roberval, en écrivant à Toricelli, n'a pas l'impertinence de produire, pas même celle d'insinuer l'accusation de plagiat et de vol produite par Pascal. Toricelli, répondant à une réclamation de priorité exprimée en termes courtois et même flatteurs, accepte avec politesse toutes les assertions de Roberval. Roberval, il faut le remarquer, n'avait rien publié; ses démonstrations n'ont été imprimées qu'après sa mort; en s'égayant aux dépens de Toricelli parce qu'il a osé produire, en 1644, une découverte imprimée seulement en 1675, sous le nom de Roberval, Pascal a vraiment le rire trop facile.

Pascal, pour attaquer le Père Lalouère, retrouve le tour piquant et la verve des *Provinciales*, malheureusement sans respecter toujours la stricte vérité.

Après avoir publié les résultats du concours, dans l'histoire de la cycloïde, Pascal fit paraître, sans qu'on en puisse deviner la raison, car son inimitié contre la compagnie de Jésus et le désir de quereller un de ses membres ne sont pas des motifs suffisants, un « *Supplément faisant suite de l'histoire de la roulette où l'on voit le procédé d'une personne qui avait voulu s'attribuer l'invention des problèmes proposés sur ce sujet* ».

Cette personne est le Père Lalouère; les premières lignes suffisent pour montrer le ton du récit :

« Les matières de géométrie sont si sérieuses d'elles-mêmes, qu'il est avantageux qu'il s'offre quelque occasion pour les rendre un peu divertissantes. L'histoire de la roulette avait besoin de quelque chose de pareil, et fût devenue languissante, si on n'y eût vu autre chose, sinon que j'avais proposé des problèmes avec des prix, que personne ne les avait gagnés, et que j'en eusse donné moi-même les solutions, sans aucun incident qui égayât le récit, comme est celui qu'on va voir dans ce discours. »

Le Père Lalouère, d'après le récit de Pascal, « ayant appris qu'entre les problèmes que M. de

Roberval avait résolus, se trouvaient les dimensions d'un solide autour de l'axe, il fit dessein, après avoir connu les moyens par lesquels M. de Roberval y était arrivé, de se faire passer pour y être aussi venu de lui-même et par sa méthode particulière ».

La supposition, si facile à faire, et imposée, pour ainsi dire, jusqu'à preuve contraire, n'est pas même indiquée comme possible : Lalouère s'est rencontré avec Roberval, qui n'avait rien imprimé, cette circonstance est importante; c'est là tout ce qu'on peut affirmer. On laisse voir, en allant plus loin, une malveillance excessive.

Lalouère, d'après le récit, reçut six lettres au moins de Pascal ou de ses amis. L'indication n'est pas précise; Pascal, on le sait, trouvant le moi haïssable, s'effaçait presque toujours; il dit, par exemple : *on* connut qu'il n'avait de lumière qu'empruntée; et aussi : *on* s'étonna de la prière qu'il faisait en même temps, qu'on s'assurât, et qu'on crût sur sa parole, qu'il était arrivé à cette connaissance de lui-même et par la seule balance d'Archimède. A quoi l'*on* répondit que son énonciation était véritable et très conforme à celle de M. de Roberval, mais qu'il était bon qu'il envoyât ses méthodes pour voir si elles étaient différentes.

Lalouère n'envoyant rien, Pascal conçut des doutes sur sa bonne foi et traita ces doutes comme une certitude. « Son silence, dit-il, fit connaître clairement son dessein, et *on* le lui indiqua assez clairement par plusieurs lettres. »

Lorsque parut l'histoire de la cycloïde, Lalouère se plaignit comme si on lui avait fait une extrême injustice. « Sa plainte me surprit, dit Pascal, et je lui fis mander que, loin d'avoir été injuste en cela, j'aurais cru l'être extrêmement d'avoir ôté à M. de Roberval l'honneur d'avoir seul résolu le problème, n'ayant aucune marque que personne y ait réussi. »

Ces raisons ne suffirent pas à Lalouère, on le comprend sans peine, elles consistent à regarder ses assertions, quand aucune preuve ne les accompagne, comme indignes même d'une mention.

« Il persista à écrire qu'on ne lui rendait pas justice, de sorte qu'*on* fut obligé de lui montrer plus sévèrement les sentiments qu'on en avait. »

Lalouère ne rabattit rien de ses prétentions,

et, deux ans après, il est vrai, donna la solution exacte des problèmes proposés par Pascal, dans un livre fait par lui sur la cycloïde. Ce fut dans le mois de septembre 1658 qu'il commença à écrire qu'il avait résolu tous les problèmes, (le récit de Pascal est de décembre 1658).

« On me le fit savoir, dit Pascal, et je fus surpris de sa petite ambition, car je connaissais sa force et la difficulté de mes problèmes, et je jugeais assez, par tout ce qu'il avait produit jusqu'ici, qu'il était incapable d'y arriver. Je m'assurai donc, ou qu'il s'était trompé lui-même, et qu'en ce cas il fallait le traiter avec toute la civilité possible, s'il le reconnaissait de bonne foi, ou qu'il voulait nous tromper, et attendre que j'eusse publié mes problèmes pour se les attribuer ensuite, et qu'alors il fallait en tirer le plaisir de le convaincre, qui était en mon pouvoir puisque la publication de mes problèmes dépendait de moi. »

Convaincre un jésuite d'imposture est une satisfaction que Pascal ne veut pas perdre.

« Je témoignai donc, dit-il, mes soupçons et je priai qu'on observât ses démarches. »

Tel est le récit de Pascal. Il est impossible de l'accorder avec deux lettres écrites par lui-même à Lalouère et imprimées en 1660, c'est-à-dire deux ans avant la mort de Pascal. Ces lettres, restées inconnues à tous les éditeurs de Pascal, sont incontestablement authentiques. Publiées dans un livre dédié à Fermat, qui, consacré à une question discutée alors avec passion, devait attirer l'attention, toute imposture ou toute altération aurait été démentie. Les lettres sont traduites en latin dans le livre de Lalouère, mais le texte français existe, copié par Lalouère lui-même, dans une lettre autographe que possède la Bibliothèque nationale où elle a été signalée par le Père Colombier sous le numéro 2812 folio 254.

Lalouère, en publiant dans son livre sur la cycloïde les deux lettres reçues de Pascal, croyait les faire connaître de tous. Il s'est trompé. C'est dans les Œuvres de Pascal qu'elles devraient figurer. Ni Montucla, historien des mathématiques, qui a jugé sans le lire le traité de Lalouère sur la cycloïde, ni Bossut qui a copié Montucla, ni Chasles qui, dans son aperçu historique, parle de Lalouère en le nommant comme Condorcet, Laloubère, n'ont soupçonné l'existence de ces lettres.

Condorcet lui-même qui, sans en rien savoir, affirme l'exactitude des démonstrations du jésuite, a ignoré que, pour l'une d'elles, Pascal a partagé d'abord son opinion.

Voici la première lettre de Pascal à Lalouère :

« Mon révérend Père,

» Je voudrais que vous vissiez la joie que votre dernière lettre m'a donnée, où vous dites que vous avez trouvé la dimension des solides sur l'axe tant de la cycloïde que de son segment. Je vous supplie de croire qu'il n'y a personne qui publie plus hautement les mérites des personnes que moi : mais il faut à la vérité qu'il y ait sujet de le faire. C'est une chose rare et surtout chez ceux qui font profession des sciences de conserver cette sincérité dont je me vante, et que je ferai bien paraître à votre sujet, car je vous assure que j'ai autant de joie de publier que vous avez résolu les plus difficiles problèmes de géométrie, que j'avais du regret de dire que ceux que vous avez résolus étaient peu au prix de ceux-là. Il est sans doute, mon

Père, que c'est un grand problème, et je souhaiterais fort de savoir par où vous y êtes arrivé : car enfin, M. de Roberval, qui est assurément fort habile, a été six ans à le trouver, et vous avez la solution générale dont sa méthode ne donne qu'un cas qui est celui de la cycloïde entière. »

La seconde lettre de Pascal à Lalouère est du 16 septembre ; c'est elle que, d'après son récit, il s'est décidé à écrire après avoir perdu confiance, pour se donner le plaisir de mettre au grand jour le déguisement qu'il tient pour certain et la mauvaise foi qu'il soupçonne.

« Mon révérend Père,

» Je ne puis vous témoigner combien nous avons d'impatience de voir le biais par où vous vous êtes pris à trouver les solides de la cycloïde sur l'axe. J'avais tort de craindre qu'il y eût erreur dans votre calcul ; il n'y en a point, je l'ai vérifié.

» Pour revenir à vous, mon révérend Père, je ne serai point en repos que vous ne m'ayez fait la grâce de me montrer par où vous êtes venu à ces solides de la cycloïde. J'en ai une grande curiosité. »

La charité chrétienne de Pascal, loin de vouloir cacher la honte du jésuite, s'il est de mauvaise foi, lui permet de s'en égayer. Il veut pour cela qu'on le surveille.

Mais sa lettre, rapprochée du récit, va plus loin que la surveillance; Pascal tend un piège que l'on ne saurait approuver.

Les choses, vraisemblablement, se sont passées ainsi :

Lalouère a envoyé l'évaluation du volume engendré par une portion de la cycloïde. Pascal, jugeant sur des souvenirs anciens, un peu effacés par le temps, y a vu un progrès sur les travaux de Roberval, mais en croyant d'abord à une erreur sur le résultat. Un examen plus attentif a fait disparaître ses doutes, il l'a écrit à Lalouère. C'est alors que Roberval lui a montré la possibilité d'étendre sa méthode sans y rien changer d'essentiel, au cas nouveau traité par Lalouère. Pascal aussitôt soupçonne une imposture du jésuite, la tient pour certaine, et lui prête l'intention de s'approprier les découvertes d'autrui en différant sur les autres problèmes, qu'il prétend avoir résolus, l'envoi des démonstrations qu'il n'a pas.

Le supplément à l'histoire de la roulette est écrit pour dénoncer la mauvaise foi de Lalouère et ses intentions déloyales. Le récit des faits, suivant Pascal, suffit pour justifier l'accusation.

Pascal, dans ce récit, fait par conjecture la confession du jésuite, non la sienne ; il se croit permis, en conséquence, de passer sous silence l'erreur qu'il a commise au début, en accueillant favorablement un travail auquel maintenant il refuse toute importance, et en louant l'œuvre d'un auteur qu'il déclare ignorant et incapable.

C'était une imprudence en même temps qu'un tort. Lalouère, au lieu de publier la traduction latine des lettres de Pascal dans un livre que personne n'a lu, pas même les historiens de la science, aurait pu, saisissant cet avantage, répondre, avec quelque apparence de raison, aux accusations, fondées ou non, de Pascal : *Mentiris impudentissime.*

LE LIVRE DES PENSÉES

Lorsque Pascal mourut, comme on connaissait son dessein d'écrire sur la religion, on eut un très grand soin de recueillir tous les écrits qu'il avait faits sur cette matière. On les trouva tous ensemble enfilés en diverses liasses, mais sans ordre et sans suite. Ce n'étaient que les premières impressions de ses pensées qu'il écrivait sur de petits morceaux de papier à mesure qu'elles lui venaient à l'esprit. Et tout cela était si imparfait et si mal écrit qu'on eut toutes les peines du monde à le lire.

La publication de ces fragments était-elle utile? était-elle permise? Avait-on le droit de livrer au public ces ébauches, ces projets et ces notes prises par Pascal pour lui-même, s'exposant à confondre, au péril de sa renommée, les doutes à éclaircir, les erreurs à combattre, les vérités à mettre en lumière, avec les preuves qu'il jugeait décisives?

Les amis de Pascal avaient, pour diminuer leurs scrupules et pour les guider dans cette confusion, le souvenir, très ancien déjà, d'un entretien dans lequel il avait expliqué avec grands détails ses idées sur la manière de ramener les incrédules et le plan de l'ouvrage qu'il méditait. Les assistants, tous hommes d'importance, n'avaient jamais rien entendu de plus beau, de plus fort et de plus convaincant.

Nous n'avons que de seconde main l'analyse de ce mémorable entretien, faite par Étienne Perier neveu de Pascal, qui n'y assistait pas :

« Après qu'il eut fait voir, quelles sont les preuves qui font le plus d'impression sur l'esprit des hommes, et qui sont les plus propres à les persuader, il entreprit de montrer que la religion chrétienne avait autant de marques de certitude et d'évidence que les choses qui sont reçues dans le monde pour les plus indubitables. Pour entrer dans ce dessein, il commença d'abord par une peinture de l'homme, où il n'oublia rien de tout ce qui pouvait le faire connaître et au dedans et au dehors de lui-même jusqu'aux plus secrets mouvements de son cœur. Il supposa ensuite un homme qui, ayant toujours vécu dans une ignorance générale et dans l'indifférence à l'égard de toutes choses, et surtout à l'égard de soi-même, vient enfin à se considérer dans ce tableau, et à examiner ce qu'il est. Il est surpris de découvrir une infinité de choses auxquelles il n'a jamais pensé, et il ne saurait remarquer sans étonnement et sans admiration tout ce que M. Pascal lui fait sentir de sa grandeur et de sa bassesse, de ses avantages et de ses faiblesses, du peu de lumière qui lui reste et des ténèbres qui l'environnent presque de toutes parts, et enfin de toutes les contrariétés étonnantes qui se trouvent dans sa nature. Il ne peut plus, après cela, demeurer dans l'indifférence, s'il a tant soit peu de raison ; et quelque insensible qu'il ait été jusqu'alors, il doit souhaiter après avoir ainsi connu ce qu'il est, de connaître aussi d'où il vient et ce qu'il doit devenir.

» M. Pascal, l'ayant mis dans cette disposition de chercher à s'instruire sur un doute si important, il s'adresse premièrement aux philosophes; et c'est là qu'après lui avoir développé tout ce que les plus grands philosophes de toutes les sectes ont dit sur le sujet de l'homme, il lui fait observer tant de défauts, tant de faiblesses, tant de contradictions, et tant de faussetés dans tout ce qu'ils ont avancé, qu'il n'est pas difficile à cet homme de juger que ce n'est pas là où il s'en doit tenir.

» Il lui fait ensuite parcourir tout l'univers et tous les âges pour lui faire remarquer une infinité de religions qui s'y rencontrent; mais il lui fait voir en même temps, par des raisons si fortes et si convaincantes, que toutes les religions ne sont remplies que de vanité, que de folies, que d'égarements, que d'erreurs et d'extravagances, qu'il n'y trouve rien encore qui le puisse satisfaire.

» Enfin il lui fait jeter les yeux sur le peuple juif, et il lui fait observer des circonstances si extraordinaires, qu'il attire facilement son attention. Après lui avoir représenté tout ce que ce peuple a de singulier, il s'arrête particulièrement à lui faire remarquer un livre unique par lequel il se gouverne, et qui comprend, tout ensemble, son histoire, sa loi et sa religion. A peine a-t-il ouvert ce livre, qu'il y apprend que le monde est l'ouvrage d'un Dieu, et que c'est ce même Dieu qui a créé l'homme à son image, et qui l'a doué de tous les avantages du corps et de l'esprit qui convenaient à cet état. Quoiqu'il n'ait rien encore qui le convainque de cette vérité, elle ne laisse pas de lui plaire; et la raison seule suffit pour lui faire trouver plus de vraisemblance dans cette supposition qu'un Dieu est l'auteur des hommes et de tout ce qu'il y a dans l'univers, que dans tout ce que ces mêmes hommes se sont imaginés par leurs propres lumières. Ce qui l'arrête en cet endroit est de voir, par la peinture qu'on lui a faite de l'homme, qu'il est bien éloigné de posséder tous les avantages qu'il a dû avoir lorsqu'il est sorti des mains de son auteur : mais il ne demeure pas longtemps dans ce doute; car, dès qu'il poursuit la lecture de ce même livre, il y trouve qu'après que l'homme eût été créé de Dieu dans l'état d'innocence et avec toutes sortes de perfections, la première action qu'il fit fut de se révolter contre le Créateur et d'employer tous les avantages qu'il avait reçus pour l'offenser. M. Pascal lui fait alors comprendre que ce crime ayant été le plus grand de tous les crimes en toutes ses circonstances, il avait été puni non seulement dans le premier homme, qui étant déchu par là de son état, tomba dans la faiblesse, et dans l'erreur, et dans l'aveuglement; mais encore dans tous ses descendants à qui ce même homme a communiqué et communiquera encore sa corruption dans toute la suite des temps.

» Il lui fait ensuite parcourir divers endroits de ce livre où il a découvert cette vérité. Il lui fait prendre garde qu'il n'y est plus parlé de l'homme que par rapport à cet état de faiblesse et de désordre; qu'il y est dit souvent que toute chair est corrompue, que les hommes sont abandonnés à leurs sens, et qu'ils ont une pente au mal dès leur naissance, il lui fait voir ensuite que cette première chute est la source, non seulement de tout ce qu'il y a de plus incompréhensible dans la nature de l'homme, mais aussi d'une infinité d'effets qui sont hors de lui, et dont la cause lui est inconnue. Enfin il lui représente l'homme si bien dépeint dans tout ce livre, qu'il ne lui paraît plus différent de la première image qu'il lui en a tracée.

» Ce n'est pas assez d'avoir fait connaître à cet homme son état plein de misère; M. Pascal lui apprend encore qu'il trouve dans ce même livre de quoi se consoler. Et, en effet, il lui fait remarquer qu'il y est dit, que le remède est entre les mains de Dieu; que c'est à lui que nous devons recourir pour avoir les forces qui nous manquent; qu'il se laissera fléchir et qu'il enverra un libérateur aux hommes, qui satisfera pour eux, et qui réparera leur impuissance. Après qu'il lui a expliqué un grand nombre de remarques très particulières sur le livre de ce peuple, il lui fait encore considérer que c'est lui seul qui ait parlé dignement de l'être souverain, et qui ait donné l'idée d'une véritable religion. Il lui fait concevoir les marques les plus sensibles qu'il applique à celles que ce livre a enseignées; et il lui fait faire une attention particulière sur ce qu'elle fait consister l'essence de son culte dans l'amour du Dieu qu'elle adore; ce qui est un caractère tout singulier et qui la distingue visiblement de toutes les autres religions dont la fausseté paraît par le défaut de cette marque si essentielle. Quoique M. Pascal, après avoir conduit si avant cet homme qu'il s'était proposé de persuader insensiblement, ne lui ait encore rien dit qui le puisse convaincre des vérités qu'il lui a fait découvrir, il l'a mis néanmoins dans la disposition de les recevoir avec plaisir, pourvu qu'on puisse lui faire voir qu'il doit s'y rendre, et souhaiter même de tout son cœur qu'elles soient solides et bien fondées, puisqu'il s'y trouve de si grands avantages pour son repos et pour l'éclaircissement de ses doutes.....

. . . .

» Voilà en substance les principales choses dont il entreprit de parler dans tout ce discours qu'il ne proposa à ceux qui l'entendirent que comme l'abrégé du grand ouvrage qu'il méditait. »

Au souvenir du discours analysé par Perier, s'associait celui d'un entretien très étudié, avec M. de Sacy, dont l'analyse détaillée, probablement écrite sous la dictée de Pascal, peut-être, on l'a supposé, rédigée par M. Le Maître, avait été soigneusement conservée. Pascal y peint la grandeur primitive de l'homme créé par Dieu semblable à ses anges, et la misère des descendants d'Adam, d'autant plus poignante qu'elle est celle d'un grand seigneur et d'un roi dépossédé; ce contraste, dans ses démonstrations, devant tenir une grande place. L'homme est la plus excellente créature, et en même temps la plus misérable. L'occasion prise pour le déclarer était le jugement porté sur Épictète, le plus grand homme de bien de l'antiquité, qui a si bien connu les devoirs de l'homme, qu'il mériterait d'être adoré, si ses principes, d'une superbe diabolique, ne lui avaient caché notre impuissance, et sur Montaigne, le pur pyrrhonien, qui dit : « Que sais-je! » dont il fait sa devise, en la mettant dans des balances qui, pesant des contradictoires se trouvent dans un parfait équilibre.

Les éditeurs de 1670 n'ont pas dans leur récit rappelé le souvenir de cet entretien, mais ils le connaissaient certainement et n'ont pas manqué d'en retrouver plus d'une fois l'esprit dans les pages si difficiles à classer.

« Ont-ils trouvé le remède à nos maux? Est-ce avoir guéri la présomption de l'homme de l'avoir égalé à Dieu? et ceux qui nous ont égalé aux bêtes et qui nous ont donné les plaisirs de la terre pour tout bien, ont-ils apporté le remède à nos concupiscences? Levez les yeux vers Dieu, disent les uns; voyez Celui auquel vous ressemblez et qui vous a fait pour l'adorer. Vous pouvez vous rendre semblables à lui; la sagesse vous y égalera si vous voulez la suivre.

» Et les autres disent : Baissez les yeux vers la terre, chétif ver que vous êtes, et regardez les bêtes dont vous êtes le compagnon. Que deviendra donc l'homme? Sera-t-il égal à Dieu ou aux bêtes? Quelle effroyable distance! Que serons-nous donc? Quelle religion nous enseignera à guérir l'orgueil et la concupiscence? Quelle religion nous enseignera notre bien, nos devoirs, les faiblesses qui nous en détournent, les remèdes qui les peuvent guérir et le moyen d'obtenir ces remèdes? Voyons ce que nous dit sur cela la sagesse qui nous parle dans la religion chrétienne... »

Et ailleurs :

« S'ils connaissaient l'excellence de l'homme, ils en ignoraient la corruption, et s'ils reconnaissaient l'infirmité de la nature, ils en ignoraient la dignité. De là viennent les diverses sectes des stoïciens, des épicuriens, des dogmatistes et des académiciens. La seule religion chrétienne a pu guérir ces deux vices; non pas en chassant l'un par l'autre, par la sagesse de la terre, mais en chassant l'un et l'autre, par la simplicité de l'Évangile. Car elle apprend aux justes qu'elle élève jusqu'à la participation de la divinité même, qu'en ce sublime état ils portent encore la source de toute la corruption qui les rend durant toute leur vie sujets à l'erreur, à la misère, à la mort, au péché; et elle crie aux plus impies qu'ils sont capables de la grâce de leur Rédempteur. Ainsi donnant à trembler à ceux qu'elle justifie, et consolant ceux qu'elle condamne, elle tempère avec tant de justesse la crainte avec l'espérance par cette double capacité qui est commune à tous, et de la grâce et du péché, qu'elle abaisse infiniment plus que la saine raison ne peut faire, mais sans désespérer, et qu'elle élève infiniment plus que l'orgueil de la nature, mais sans enfler; faisant bien voir par là qu'étant seule exempte d'erreur et de vice il n'appartient qu'à elle d'instruire et de corriger les hommes. »

La même idée revient sans cesse :

« Connaissez donc, superbe, quel paradoxe vous êtes à vous-même. Humiliez-vous, raison impuissante; taisez-vous, nature imbécile; apprenez que l'homme passe infiniment l'homme et entendez de votre maître votre condition véritable que vous ignorez.

» Car enfin, si l'homme n'avait jamais été corrompu, il jouirait de la vérité et de la félicité avec assurance. Et si l'homme n'avait jamais été que corrompu, il n'aurait aucune idée, ni de la vérité ni de la béatitude. Mais malheureux que nous sommes, et plus que s'il n'y avait aucune grandeur dans notre condition, nous avons une idée du bonheur, et ne pouvons y arriver; nous sentons une image de la vérité, et ne possédons que le mensonge;

incapables d'ignorer absolument et de savoir certainement; tant il est manifeste que nous avons été dans un degré de perfection dont nous sommes malheureusement tombés!

» Qu'est-ce donc que nous crie cette avidité et cette impuissance, sinon qu'il y a eu autrefois en l'homme un véritable bonheur, dont il ne lui reste maintenant que la marque et la trace, trace vide, qu'il essaye inutilement de remplir de tout ce qui l'environne, en cherchant dans les choses absentes le secours qu'il n'obtient pas des présentes, et que les unes et les autres sont incapables de lui donner, parce que ce gouffre infini ne peut être rempli que par un objet infini et immuable? »

L'argument très original dont Pascal prétend faire son fort est loin d'occuper dans l'analyse conservée des deux entretiens la place prépondérante qu'il devait prendre. Lorsque Étienne Perier, résumant le discours qu'il n'a pas entendu, nous dit : « Pascal entreprit de montrer que la religion chrétienne avait autant de marques de certitude et d'évidence que les choses qui sont reçues dans le monde comme les plus indubitables » il méconnaît le trait dominant du système de preuves de Pascal.

Pascal avoue, au contraire, que pesée dans les balances de la raison humaine, la certitude de la foi ne s'impose pas comme infaillible. Si l'on ne veut céder qu'à la logique, on pourra toujours contester; il le prévoit, l'annonce, le constate, et, par une conclusion imprévue, tourne cette faiblesse en preuve. La foi seule peut préparer et justifier la foi. Il est nécessaire qu'il en soit ainsi. Telle est sa thèse.

Pascal ne dit pas, comme saint Paul : *Quum infirmor tum potens sum.* Il ne méconnaît ni la force de sa logique, ni la pénétration de son esprit, ni l'habileté et l'éclat de son style, mais il préfère la logique à la dialectique, et les cris du cœur à la logique; il ne prétend pas vaincre, mais convaincre, n'espère pas démontrer mais persuader. L'esprit gâte tout, il faut l'abaisser. Pliez les genoux, la cause est gagnée. Dieu exauce ceux qui prient. Pascal ne propose ses preuves qu'aux âmes déjà ébranlées et désireuses de se rendre. Dieu, qui ne nous doit rien, peut seul nous rendre invincibles contre les tentations et les ruses du démon.

•

Cette idée revient toujours :

« — On n'entend rien aux ouvrages de Dieu si on ne prend pour principe qu'il a voulu aveugler les uns et éclairer les autres. »

« — Que ceux qui combattent la religion apprennent au moins quelle elle est, avant que de la combattre. Si cette religion se vantait d'avoir une vue claire de Dieu et de le posséder à découvert et sans voile, ce serait la combattre que de dire qu'on ne voit rien dans le monde qui la montre avec cette évidence. Mais puisqu'elle dit au contraire que les hommes sont dans les ténèbres et dans l'éloignement de Dieu ; qu'il s'est caché à leur connaissance et que c'est même le nom qu'il se donne dans les Écritures, *Deus absconditus*, quels avantages peuvent-ils tirer lorsque, dans la négligence où ils font profession d'être, de chercher la vérité, ils crient que rien ne la leur montre? Puisque cette obscurité où ils sont et qu'ils objectent à l'Église, ne fait qu'établir une des choses qu'elle soutient, et établit sa doctrine bien loin de la ruiner. »

« — Reconnaissez la vérité de la religion dans l'obscurité même de la religion; dans le peu de lumière que nous en avons; dans l'indifférence que nous avons de la connaître. »

« — Sur ce fondement, les impies prennent lieu de blasphémer la religion... ils concluent que la religion n'est pas véritable parce qu'ils ne voient pas que toutes choses concourent à l'établissement de ce point, que Dieu ne se manifeste pas aux hommes avec toute l'évidence qu'il pourrait faire... Mais qu'ils en concluent ce qu'ils voudront contre le déisme, ils n'en concluront rien contre la religion chrétienne, qui consiste proprement au mystère du Rédempteur. »

« — Il n'y a rien de si conforme à la raison que ce désaveu de la raison.

« — S'il ne fallait rien faire que pour le certain on ne devrait rien faire pour la religion, car elle n'est pas certaine. »

« — La foi est un don de Dieu. Ne croyez pas que nous disions que c'est un don du raisonnement. »

« — Au lieu de vous plaindre que Dieu s'est caché, vous lui rendrez grâce de ce qu'il s'est tant découvert, et vous lui rendrez grâce aussi de ce qu'il ne s'est pas découvert aux sages superbes, indignes de connaître un Dieu si bon. »

« — Le péché originel est une folie devant les hommes; mais on le donne pour tel. On ne doit donc pas reprocher le défaut de raison en cette doctrine, puisqu'on ne prétend pas que la raison y puisse atteindre. Mais cette folie est plus sage que toute la sagesse des hommes. *Quod stultum est Dei sapientius est hominibus.* Car sans cela que dira-t-on qu'est l'homme ? Tout son état dépend de ce point imperceptible. Et comment s'en fût-il aperçu par sa raison; puisque c'est une chose au-dessus de la raison; et que sa raison, bien loin de l'inventer par ses voies, s'en éloigne quand on les lui présente ? »

« — Les prophéties, les miracles mêmes et les autres preuves de notre religion ne sont pas de telle sorte qu'on puisse dire qu'elles sont géométriquement convaincantes. »

« — La raison est bien assez raisonnable pour avouer qu'elle n'a pu encore trouver rien de ferme, mais elle ne désespère pas encore d'y arriver ; au contraire, elle est aussi ardente que jamais dans cette recherche et suppose avoir en soi les forces nécessaires pour cette conquête. Il faut donc l'achever. »

La situation, on le voit, est purement défensive.

Vos preuves manquent d'évidence et vos arguments de solidité, s'écrie le lecteur. J'en conviens sans en éprouver aucun embarras, répond Pascal ; il en doit être ainsi, je vous ai prévenu. Cette obscurité confirme ma thèse.

Pascal s'adjuge la victoire et triomphe de sa faiblesse.

L'incrédule, suivant les lois d'une dispute réglée, aurait le droit d'en triompher aussi. Mais, dédaigneux des vains combats de l'esprit, Pascal n'accepte pas ces joutes d'école. C'est notre éternité qui se décide, c'est notre tout qui s'agite, notre âme qu'il faut sauver. La foi n'est pas chose de raisonnement ; pour entraîner son lecteur, sans le réduire au silence,

Pascal s'adresse au cœur. C'est l'originalité de son livre.

Les principes, il faut l'avouer, sont décourageants. La grâce n'est pas donnée à tous; si elle m'est refusée, elle l'est malheureusement au plus grand nombre, je ne comprendrai pas les preuves, je les jugerai faibles, on me l'annonce. Pourquoi lire le livre alors? Pourquoi le composer? Ceux qui possèdent la grâce sont persuadés sans lui, et la parole de Dieu opère par sa propre vertu.

La mère Angélique disait au grand Arnauld son frère : « Si ces gens-là se rendaient à la vérité, vous croiriez aussitôt que ce seraient vos beaux écrits qui ont fait cela; ce n'est pas là ce que la grâce que vous soutenez vous apprend. » Elle en aurait dit autant à Pascal.

Pascal prévoit l'objection, et pour y répondre, ne craint pas de se contredire : « Dieu, dit-il, ne refuse jamais l'intelligence des choses divines à ceux qui la désirent sincèrement et la cherchent avec ardeur. » La promesse est répétée continuellement :

« — Dieu a mis des marques sensibles dans

l'Église pour la faire reconnaître à tous ceux qui la cherchent sincèrement. »

« — Tant d'hommes se rendent indignes de la clémence de Dieu qu'il a voulu les laisser dans la privation du bien qu'ils ne veulent pas; il n'était donc pas juste qu'il parût d'une manière manifestement divine et absolument capable de convaincre tous les hommes. Mais il n'était pas juste aussi qu'il vînt d'une manière si cachée qu'il ne pût être reconnu de ceux qui le chercheraient sincèrement; il a voulu se rendre parfaitement connaissable à ceux-là. »

Nous pouvons maintenant, en peu de paroles, réduire le livre à un dessein régulier.
On s'efforcera d'abord d'émouvoir le cœur de l'homme, et de l'effrayer, non par une description imaginaire de l'Enfer et le tableau des souffrances d'une âme livrée au démon, mais par la vue de notre ignorance sur ce qu'il nous importe tant de savoir. L'inconnu est, pour Pascal, et devient sous sa plume, le plus intolérable des tourments; et l'abîme

immense du temps, le plus effrayant des précipices.

« En voyant l'aveuglement et la misère de l'homme, et ces contrariétés étonnantes qui se découvrent dans sa nature; et regardant tout l'univers où l'homme, sans lumière, abandonné à lui-même et comme égaré dans ce recoin de l'univers, sans savoir qui l'y a mis, ce qu'il y est venu faire, ce qu'il deviendra en mourant, j'entre en effroi comme un homme qu'on aurait porté endormi dans une île déserte et effroyable, et qui s'éveillerait sans connaître où il est, et sans moyen d'en sortir. Et sur cela j'admire comment on n'entre pas en désespoir d'un si misérable état. Je vois d'autres personnes autour de moi d'une semblable nature; je leur demande s'ils sont mieux instruits que moi, et ils me disent que non; et sur cela, ces misérables égarés, ayant regardé autour d'eux, et ayant vu quelques objets plaisants, s'y sont donnés et s'y sont attachés. Pour moi, je n'ai pu y prendre d'attache ni me reposer dans la société de ces personnes semblables à moi, misérables comme moi, impuissantes comme moi. Je vois qu'ils ne m'aideraient pas à mourir : Je mourrai seul, il faut donc faire comme si j'étais seul : Or, si j'étais seul, je ne bâtirais point de maisons, je ne m'embarrasserais pas dans des occupations tumultuaires. Je ne chercherais l'estime de personne; mais je tâcherais seulement de découvrir la vérité. »

La crainte, pour Pascal, est le commencement de la sagesse.

Le désir du salut, ou, pour mieux entrer dans l'esprit de Pascal, la crainte de l'ignorance, et l'horreur d'un avenir inconnu, forment la plus puissante de ses armes. L'émotion du cœur rendra l'esprit moins rebelle et triomphera de l'opiniâtreté. Les raisons qu'on tient en réserve sont bonnes, mais elles deviennent meilleures quand on est prévenu en leur faveur. Pour se préparer aux raisonnements, il faut faire dans son cœur le sacrifice de la raison. Osez dire, avec saint Paul : *Nostra conversatio in cœlis est*; et, pour surmonter les difficultés, l'Esprit Saint vous donnera des ailes, comme à la colombe pour rentrer dans l'arche.

Dieu ne refuse rien à la persévérance.

Puisque la lumière divine éclaire toujours ceux qui cherchent, Pascal n'a pour les autres qu'indignation et colère.

« Cette négligence dans une affaire où il s'agit d'eux-mêmes, de leur éternité, de leur tout, m'irrite plus qu'elle ne m'attendrit. Elle m'étonne et m'épouvante. C'est un monstre pour moi. Je ne dis pas ceci par le zèle pieux d'une dévotion spirituelle, je prétends au contraire que l'intérêt humain, que la plus simple lumière de la raison, nous doit donner ces sentiments; il ne faut voir pour cela que ce que voient les personnes les moins éclairées. »

L'indifférence pour le grand problème qui doit tout emporter ici-bas est l'ennemi qu'il faut vaincre. Celui qui désire le royaume des cieux l'obtiendra, c'est là pour Pascal la base de l'édifice : Rompez vos liens! Forcez votre prison! Je réponds du succès. La route est connue, dit-il, laissez-vous guider, consentez à y suivre ceux qui déjà l'ont parcourue. Vous la trouvez obscure! Il faut qu'elle le soit.

« Saint Ambroise a dit : *Sicut tenebræ ejus, ita lumen ejus.* Les ténèbres du Seigneur sont aussi divines que sa lumière.

» Suivez la manière par où ils ont commencé : c'est en faisant tout comme s'ils croyaient; en prenant de l'eau bénite; en faisant dire des messes; naturellement même cela vous fera croire et vous abêtira. — Mais c'est là ce que je crains. — Et pourquoi? Qu'avez-vous à perdre? »

Pascal ne flatte pas son lecteur, mais il ne rit jamais.

La voie la plus assurée pour aimer Dieu est de se faire un intérêt de l'aimer. La prière efficace peut précéder la foi, elle donne la grâce. La grâce éclaire, attire, persuade et convertit; elle ouvre le cœur. Les miracles de Moïse et de Jésus-Christ et l'accomplissement des prophéties deviendront vérités aussi évidentes que la guérison de Marguerite Perier. C'est à la fin du livre que cette certitude sera établie. Les mêmes pages au début seraient sans efficace.

Une objection subsiste à laquelle je n'aperçois pas de réponse :

Dieu ne veut pas sauver tous les hommes ; on a comparé le nombre des élus à celui des olives quand on a secoué l'olivier ; quelques-uns ont dit même, à celui des raisins quand on a vendangé la vigne. Dieu, d'un autre côté, Pascal l'affirme, sauvera ceux qui le cherchent sincèrement.

Les deux propositions ne peuvent s'accorder, qu'à la condition que la plupart des hommes cherchent mal. J'admets volontiers qu'il en est ainsi. Mais Dieu donne le vouloir et le faire ; c'est la doctrine de saint Paul ; il choisit ses élus. Comment ceux que sa justice rend aveugles aux lumières de la foi ne seraient-ils pas sourds à l'éloquence de Pascal ?

On se retrouve au bord du même abîme et la difficulté renaît aussi terrible.

Chacun doit suivre son mauvais sort. C'est au moins ce que Jansénius enseigne.

Le manuscrit informe des Pensées n'a pas été écrit sur une table de travail. Les lignes sont tracées dans tous les sens sur des fragments de papier, non sur des pages. Les caractères, presque illisibles, semblent se presser à la poursuite d'une idée saisie au passage.

L'interprétation n'est pas acceptable. On n'improvise pas, en hâtant la marche d'une plume trop lente, des pages telles que celle-ci :

« Que l'homme contemple donc la nature entière dans sa haute et pleine majesté; qu'il éloigne la vue des objets bas qui l'environnent; qu'il regarde cette éclatante lumière mise comme une lampe éternelle pour éclairer l'univers; que la terre lui paraisse comme un point, au prix du vaste tour que cet astre décrit; et qu'il s'étonne de ce que ce vaste tour lui-même n'est qu'un point très délicat à l'égard de celui que les astres qui roulent dans le firmament embrassent. Mais si notre vue s'arrête là, que l'imagination passe outre : elle se lassera plus tôt de concevoir que la nature de fournir. Tout ce monde visible n'est qu'un trait imperceptible dans l'ample sein de la nature. Nulle idée n'en approche. Nous avons beau enfler nos conceptions au delà des espaces imaginables, nous n'emportons que des atomes, au prix de la réalité des choses. C'est une sphère infinie dont le centre est partout et la circonférence nulle part. Enfin c'est le plus grand caractère sensible de la toute-puissance de Dieu que l'imagination se perde dans cette pensée.

» Que l'homme, étant revenu à soi, considère ce qu'il est au prix de ce qui est; qu'il se regarde comme égaré dans ce canton détourné de la nature; et que, de ce petit cachot où il se trouve logé, j'entends l'univers, il apprenne à estimer la terre, les royaumes, les villes, et soi-même son juste prix.

» Qu'est-ce qu'un homme dans l'infini? Mais pour lui présenter un autre prodige aussi étonnant, qu'il recherche dans ce qu'il connaît les choses les plus délicates. Qu'un ciron lui offre, dans la petitesse de son corps, des parties incomparablement plus petites, des jambes avec des jointures, des veines dans ces jambes, du sang dans ces veines, des humeurs dans ce sang, des gouttes dans ces humeurs, des vapeurs dans ces gouttes; que, divisant encore ces dernières choses, il épuise ses forces en ces conceptions, et que le dernier objet où il peut arriver, soit maintenant celui de notre discours : il pensera peut-être que c'est là l'ex-

trême petitesse de la nature. Je veux lui faire voir
là dedans un abîme nouveau. Je lui veux peindre
non seulement l'univers visible, mais l'immensité qu'on peut concevoir dans la nature,
dans l'enceinte de ce raccourci d'atome. Qu'il
y voie une infinité d'univers, dont chacun a son
firmament, ses planètes, sa Terre, en même proportion que le monde visible; dans cette Terre,
des animaux, et enfin des cirons dans lesquels
il retrouve ce que les premiers ont donné; et
trouvant encore dans les autres la même chose,
sans fin et sans repos, qu'il se perde dans ces
merveilles aussi étonnantes par leur petitesse
que les autres par leur étendue; car qui
n'admire que notre corps, qui tantôt n'était
pas perceptible dans l'univers, imperceptible
lui-même dans le sein du tout, soit à présent
un colosse, un monde ou plutôt un tout, à
l'égard du néant où l'on ne peut arriver.

» Qui se considérera de la sorte s'effraiera de
soi-même, et, se considérant comme soutenu
dans la masse que la nature lui a donnée
entre ces deux abîmes de l'infini et du néant,
il tremblera dans la vue de ces merveilles; et
je crois que, la curiosité se changeant en admi-

ration, il sera plus disposé à les contempler en silence qu'à les rechercher avec présomption. »

Pas une expression négligée, pas une épithète choisie au hasard, pas une période trop longue ou trop courte ne gâtent l'harmonieuse perfection de l'ensemble. Pascal, certainement, a médité les détails de ce chef-d'œuvre de style, comme de beaucoup d'autres pages non moins parfaites.

Pourquoi tant de caractères illisibles? que signifient ces lignes tracées en tout sens? Une explication se présente : Pascal travaillait la nuit. Le silence, l'obscurité et la solitude favorisaient ses méditations, il préparait son grand ouvrage, comme il avait créé et exécuté de tête, pendant des nuits de souffrance, les méthodes et les calculs relatifs à la cycloïde. Les mots, une fois rencontrés et acceptés, non sans méditation, il les écrivait rapidement, sans quitter son lit, sans prendre probablement la fatigue de battre le briquet et d'allumer une chandelle.

Arnauld, Nicole et le duc Roannez, en présence de ce trésor si fructueux au salut des âmes, pouvaient s'écrier comme le disciple de

Jésus-Christ : Quelles pierres! Ils ne pouvaient malheureusement pas ajouter : et quelle structure! les matériaux épars ressemblaient à des ruines.

Leur première pensée, la plus facile sans doute, fut de les faire imprimer tout de suite, dans le même état qu'on les avait trouvées. Mais on jugea bientôt que faire de cette sorte c'eût été perdre tout le fruit qu'on en pouvait espérer; parce que les pensées parfaites, plus suivies, plus claires et plus étendues, étant mêlées et comme absorbées parmi tant d'autres imparfaites, obscures, à demi digérées et quelques-unes même presque inintelligibles à tout autre qu'à celui qui les avait écrites, il y avait tout sujet de croire que les unes feraient rebuter les autres, et que l'on ne considérerait ce volume, grossi inutilement de tant de pensées imparfaites, que comme un amas confus, sans ordre, sans suite, et qui ne pouvait servir à rien.

Il y avait une autre manière de donner ces écrits au public, qui était d'y travailler auparavant; d'éclaircir les pensées obscures, d'achever celles qui étaient imparfaites et, en prenant dans tous les fragments le dessein de Pascal, de suppléer, en quelque sorte, l'ouvrage qu'il voulait faire. Cette voie eût été assurément la plus parfaite; mais il était aussi très difficile de la bien exécuter. L'on s'y arrêta néanmoins assez longtemps, et l'on avait en effet commencé à y travailler. Mais enfin on se résolut de la rejeter aussi bien que la première, parce que l'on considéra qu'il était presque impossible de bien entrer dans la pensée et dans le dessein d'un auteur et surtout d'un auteur mort, et que ce n'eût pas été donner l'ouvrage de Pascal, mais un ouvrage tout différent.

Ainsi, pour éviter les inconvénients qui se trouvaient dans l'une et l'autre de ces manières de faire paraître les écrits, on en a choisi une entre deux, qui est celle que l'on a suivie. L'on a pris seulement, parmi ce grand nombre de pensées, celles qui ont paru les plus claires et les plus achevées, pour les donner telles qu'on les a trouvées, sans y rien ajouter ni changer, si ce n'est qu'au lieu qu'elles étaient sans suite, sans liaison, et dispersées confusément de côté et d'autre, on les a mises dans quelque sorte d'ordre et réduit sous les mêmes titres celles qui étaient sur les mêmes sujets, en supprimant toutes les autres qui étaient ou trop obscures ou trop imparfaites.

Tel est le programme des éditeurs de 1670 ; ils l'ont suivi scrupuleusement. Si nous n'avons pas tous les mots, nous avons la vraie pensée de Pascal. On a, pendant deux siècles, admiré leur œuvre. Tout à coup, sans aucune justice, se sont élevés les reproches et l'injure. Leur piété pour le saint qu'ils vénéraient dépassait cependant l'admiration bruyante des enthousiastes modernes de beau langage. Les scrupules de leurs dédaigneux censeurs auraient été pour eux incompréhensibles. Les esprits les plus délicats, de 1670 à 1840, ont admiré dans le livre des *Pensées*, la justesse de l'expression, l'énergie du style, la perfection inimitable de la phrase. On y retrouvait, plus inspiré, plus éloquent et plus ému encore, l'auteur des plus belles pages des *Provinciales*. Villemain ne connaissait que leur texte, quand il écrivait :

« Dans les sables d'Égypte on découvre de superbes portiques qui ne conduisent plus à un temple que les siècles ont détruit; de vastes débris, des vestiges d'une immense cité et, sur les chapiteaux renversés, d'antiques peintures dont les éblouissantes couleurs ne passeront jamais et qui conservent leur fière immortalité au milieu de ces antiques destructions. Telles paraissent quelques pensées de Pascal, restes mutilés de ce grand ouvrage. »

Dans ce style trop orné et sous ces mots d'enflure que Pascal aimait peu, on voit ce qu'un bon juge pensait, longtemps avant les découvertes de Cousin, de ces reliques mutilées, non par le duc de Roannez, mais par la mort de Pascal. L'édition tant décriée de 1670 est, aujourd'hui encore, celle qu'on doit choisir quand, écartant tout esprit de discussion et de critique, on ouvre le livre pour le lire.

Tillemont, auteur justement célèbre d'ouvrages qu'on ne lit plus, n'admirait pas moins les pensées que Villemain le style. Il écrivait à Perier en recevant un des premiers exemplaires :

« Il n'est pas besoin que je m'étende beaucoup

pour vous dire avec quelle reconnaissance j'ai reçu le présent de M. votre père. Le respect que j'ai pour lui ne me permet pas de recevoir avec indifférence ce qui vient de sa main. Vous savez qu'il y a bien des années que je fais profession d'honorer ou plutôt d'admirer les dons tout extraordinaires de la nature et de la grâce qui paraissaient en feu M. Pascal. Il faut néanmoins que je vous avoue, monsieur, que je n'en avais pas encore l'idée que je devais. Ce dernier écrit a surpassé ce que j'attendais d'un esprit que je croyais le plus grand qui eût paru en notre siècle; et si je n'ose pas dire que saint Augustin aurait eu peine à égaler ce que je vois par ces fragments, que M. Pascal pouvait faire, je ne saurais dire qu'il eût pu le surpasser, au moins, je ne vois que ces deux que l'on peut comparer l'un à l'autre. »

Le point de vue a changé. Le livre des *Pensées*, pour Tillemont comme pour Perier, le duc de Roannez, Arnauld et Nicole, était une arme de combat. On veut la placer aujourd'hui dans un musée, on admire le poli de la lame, la richesse de la poignée, on compte les perles du fourreau; s'il en manque quelques-unes, on crie au vandalisme et à la barbarie. Les uns songeaient au salut des âmes, les autres au divertissement de l'esprit, et à la gloire d'un écrivain grand par le style :

Pascal grand par le style!

Cette louange de rhéteur l'aurait impatienté; c'est pour cela peut-être qu'il la mérite.

Les amis de Pascal regrettaient son livre; les critiques, aujourd'hui, sans se soucier de l'œuvre, cherchent l'ouvrier. L'homme et l'écrivain les intéressent seuls. L'occasion est offerte de pénétrer indiscrètement chez lui, ils s'en réjouissent, et s'irritent contre les amis qui, par respect pour sa mémoire, ont voulu, avant d'ouvrir les portes, réparer une partie du désordre.

L'archevêque de Paris, Péréfixe, ayant envoyé demander au libraire Desprez, par un de ses aumôniers, qui paraissait très empressé, les *Pensées* de Pascal non encore mises en vente, Desprez, pour gagner du temps, protesta qu'il n'avait encore aucun exemplaire de relié. L'usage n'était pas alors de livrer au public des livres brochés; il consulta Arnauld et, dès le lendemain, alla à l'Archevêché. Introduit dans l'appartement de monseigneur l'archevêque, il présenta le livre des *Pensées* de M. Pascal de la part de la famille, disant que, s'il lui eût été possible d'en faire relier un plus tôt, il n'aurait pas attendu que Sa Grandeur l'eût envoyé demander. M. de Péréfixe lui fit d'abord un grand accueil, et ensuite lui dit qu'un très habile homme — ce n'est pourtant pas, ajouta-t-il, un homme de notre métier, ce n'est pas un théologien—c'était Fénelon — lui avait dit qu'il avait lu tout entier le livre de M. Pascal; qu'il était admirable, mais qu'il y avait quelque chose qui pouvait favoriser les jansénistes. Le prélat ajouta qu'il valait mieux faire un carton que d'y laisser quelque chose qui aurait pu troubler le débit, et qu'il serait fâché que cela arrivât à cause de l'estime qu'il avait pour la mémoire de M. Pascal M. Desprez, après l'avoir remercié au nom de madame Perier et de ses amis, lui dit qu'avec sa permission il écrirait sur cela à cette dame. Ensuite il avoua que ce n'était pas son métier de parler de ce que cette personne avait remarqué, mais qu'il pouvait représenter à Sa Grandeur que depuis longtemps on n'avait examiné aucun livre avec plus de sévérité que celui-là, et qu'on avait fait *tous les changements que les approbateurs avaient jugé à propos de faire.*

Les approbateurs, au nombre de vingt, avaient étudié le livre séparément. Trois évêques, un archidiacre et treize docteurs de Sorbonne avaient approuvé; mais chacun, pour montrer son attention et son zèle, n'avait pas manqué de réclamer quelque changement dont aucun ne pouvait être refusé.

Lorsque Cousin découvrit, en 1840, les différences nombreuses entre le manuscrit de la Bibliothèque royale et le texte imprimé, la certitude, depuis longtemps acquise, aurait pu diminuer son étonnement et calmer son indignation.

Qu'il eût été fait des changements de tout genre, non de toute gravité, au texte écrit par Pascal, le fait était constant et le doute impossible. Les éditeurs de 1670 admiraient le style de Pascal; mais, sans superstition; ils savaient que la perfection, pour lui comme pour tous, venait lentement; Arnauld et Nicole, au dire de leurs amis, d'accord avec Pascal docile à leurs conseils, avaient *embelli* les *Provinciales.*

Pouvaient-ils se refuser à réparer, par dévouement à sa mémoire, le désordre et les négligences des *Pensées*.

On lit dans le *Recueil d'Utrecht*, imprimé en 1740 :

« M. et madame Perier eurent assez de peine à consentir aux retranchements et aux petites corrections qu'on se crut obligé de faire. »

Arnauld écrivait à Perier :

« Souffrez, monsieur, que je vous dise qu'il ne faut pas être si difficile ni si religieux à laisser à un ouvrage comme il est sorti des mains de l'auteur, quand on le veut exposer à la censure publique... »

Cousin pensait, au contraire, qu'on ne saurait être trop difficile et trop religieux, je dirais volontiers trop superstitieux, sur l'exactitude des textes : une virgule ajoutée, un mot inutile supprimé, une lacune comblée par une phrase insignifiante, sont, à ses yeux, des falsifications détestables. En acceptant son principe, en général, il faut avouer que le cas de Pascal est exceptionnel; il n'avait pas arrêté son texte, et la censure aurait certainement interdit la vente du livre sévèrement conforme au manuscrit.

Les éditeurs de 1670 avaient, a-t-on osé dire, fait disparaître de nos bibliothèques un des plus beaux ouvrages de notre langue. On ne peut apprécier que sur des exemples, l'exagération du reproche.

Pascal écrit :

« Si l'on ne se reconnaît plus de superbe, d'ambition, de concupiscence, de faiblesse, de misère et d'injustice, on est bien aveugle; et si, le connaissant, on ne désire d'en être délivré, que peut-on dire d'un homme.... »

Les éditeurs ne voulant pas laisser la phrase inachevée, ajoutent : *si peu raisonnable.*

Si Pascal écrit :

« Aussi il est surnaturel que l'homme. . . .

. . . .

Les éditeurs n'osant pas, cette fois, prendre sur eux d'achever la phrase, n'en font nulle mention; ils ont grandement raison.

Ainsi font-ils, et non moins bien, en trouvant sur un morceau de papier le mot *cachot* écrit de la main de Pascal, sans que rien le précède ou le suive, de ne pas lui donner place dans les *Pensées*.

« Vous me convertirez ». Ces mots isolés ont été écrits et barrés.

Pourquoi l'avoir laissé ignorer?

Les exemples de ce genre sont nombreux :

« C'est par là que les sauvages n'ont que faire de la Provence. »

C'est presque une phrase cette fois, mais elle n'a pas de sens; de Roannez l'a supprimée. Quel vandalisme! Une phrase de Pascal!

Si Pascal peint l'angoisse d'un condamné qui, menacé du dernier supplice « pourrait travailler à faire révoquer son arrêt, il n'est pas croyable qu'il passe sa dernière heure à jouer *au piquet.* »

Les éditeurs de 1670, trouvant le mot *piquet* trop réaliste, ont substitué : « ... qu'il passe sa dernière heure à jouer et à se divertir. »

Le livre ne fera pas une conversion de moins.

Si Pascal dit : « J'ai appris d'un saint homme qu'une des plus solides et des plus utiles charités envers les morts est... »

Les premiers éditeurs supprimant, pour des

raisons qui sans doute alors étaient bonnes, l'allusion au souvenir de M. Singlin, et sans croire défigurer un chef-d'œuvre, impriment simplement : « Une des plus solides et des plus utiles charités envers les morts est... »

Si Pascal écrit un projet de phrase : « Masquer toute la nature et la déguiser, plus de roi, de pape, d'évêque ; mais, auguste monarque, point de Paris, capitale du royaume... »

Les éditeurs, se croyant très fidèles, font la phrase, et écrivent :

« Il y en a qui masquent la nature : il n'y a point de roi parmi eux... »

Si Pascal écrit : « Il est injuste qu'on s'attache à moi. »

Les éditeurs sachant qu'il trouvait le moi haïssable, impriment : « Il est injuste qu'on s'attache à nous », mettant au pluriel le singulier de Pascal.

L'indignation soulevée par ces innocentes infidélités serait justifiée et paraîtrait peut-être suffisante si un éditeur du *Misanthrope*, de *Polyeucte* ou d'*Athalie*, prêtait à Molière, à Corneille ou à Racine des vers de treize syllabes.

Le hasard s'est chargé de montrer, à qui pourrait en douter, la prévention et le parti pris de ceux qui ont crié le plus haut.

Cousin, au milieu d'un griffonnage illisible, a découvert dans le manuscrit ces mots : *raccourci d'abîmes*. Là-dessus, grande colère contre le duc de Roannez; c'est toujours à lui qu'il s'en prend. Les termes manquent pour exprimer la beauté de ce rapprochement hardiment imposé par un grand écrivain à deux mots qui se repoussent.

En regardant mieux cependant, on a lu *raccourci d'atome*, c'est la véritable leçon; l'autre est ridicule. Pascal ne riait guère, mais il aurait su faire rire aux dépens d'un admirateur si résolu et si éloquent de son style.

Pascal était-il sceptique?

Ceux qui l'ont connu ne se sont pas posé la question. Quelques lignes de sa main ne pouvaient inspirer aux éditeurs de 1670 une opinion démentie par tous leurs souvenirs, et, s'ils en rencontraient de telles, ils les supprimaient sans scrupule.

Zadig avait improvisé sur ses tablettes quatre

vers en l'honneur du roi de Babylone. N'étant ni flatteur ni poète, il déchira le feuillet. Le vent dispersa les morceaux.

Le hasard laissa sur l'un d'eux des mots dont le sens paraissait complet et injurieux pour le roi.

Le crime de lèse-majesté était écrit de sa main.

Pascal a écrit : « Le pyrrhonisme est le vrai. » Nous avons contre lui son propre témoignage; il l'a, comme Zadig, écrit de sa main.

La page suivante aussi est écrite de sa main :

« Nous connaissons la vérité, non seulement par la raison, mais encore par le cœur. C'est de cette dernière sorte que nous connaissons les premiers principes et c'est en vain que le raisonnement qui n'y a point de part essaye de les combattre. Les pyrrhoniens qui n'ont que cela pour objet, y travaillent inutilement.

» Nous savons que nous ne rêvons point, quelqu'impuissance où nous soyons de le prouver par raison; cette impuissance ne conclut autre chose que la faiblesse de notre raison, mais non pas l'incertitude de toutes nos connaissances, comme ils le prétendent; car la connaissance des premiers principes, comme qu'il y a *espace, temps, mouvement, nombres* est aussi ferme qu'aucune de celles que nos raisonnements nous donnent. Et c'est sur ces connaissances du cœur et de l'instinct qu'il faut que la raison s'appuie, et qu'elle y fonde tout son discours. Le cœur sent qu'il y a trois dimensions dans l'espace, et que les nombres sont infinis; et la raison démontre ensuite qu'il n'y a pas deux nombres carrés dont l'un soit double de l'autre. Les principes se sentent; les propositions se concluent; et le tout avec certitude, quoique par différentes voies. Et il est aussi ridicule que la raison demande au cœur des preuves de ses premiers principes, pour vouloir y consentir, qu'il serait ridicule que le cœur demandât à la raison son sentiment de toutes les propositions qu'elle démontre, pour vouloir les recevoir.

» Cette impuissance ne doit donc servir qu'à humilier la raison, qui voudrait juger de tout, mais non pas à combattre notre certitude, comme s'il n'y avait que la raison capable de nous instruire : Plût à Dieu que nous n'en eussions au contraire jamais besoin, et que nous connussions toutes choses par instinct et par sentiment! Mais la nature nous a refusé ce bien, et elle ne nous a, au contraire, donné que très peu de connaissances de cette sorte : toutes les autres ne peuvent être acquises que par le raisonnement. »

Singulier sceptique!

L'éminent auteur d'une édition très estimée pour ses savants commentaires du livre des *Pensées*, Ernest Havet, esprit judicieux, sagace, érudit, mais, comme Cousin, trop préoccupé des délicatesses du style, a accepté comme vérité indiscutable le prétendu scepticisme de Pascal.

Nous voudrions reproduire les pages consacrées à cette question, mais, à chaque pensée, pour ainsi dire sans exception, est associée une ou plusieurs notes, les unes pour faire comprendre (elles sont souvent utiles) d'autres pour faire admirer; je les supprimerais volontiers.

Pascal ne voulait pas que l'on dît aux enfants : ô que cela est bien dit! qu'il a bien fait! Il ne faut pas non plus suivre un auteur pas à pas pour se récrier sur ses mérites, c'est le traiter comme un bon élève, et le lecteur comme un mauvais écolier.

Havet a écrit :

Je ne veux pas dire que le scepticisme ne soit pour Pascal qu'une sorte de fiction et d'hypothèse. Non, il est pyrrhonien dans toute la sincérité de son âme; il l'est formellement, absolument, audacieusement. Le pyrrhonisme est le vrai, il en admet toutes les conséquences, c'est-à-dire qu'il n'y a point de science, mais des opinions; point de morale, mais des mœurs; point de droit naturel, mais des coutumes; que l'autorité des rois et des puissances n'est établie que sur la *folie*; qu'on ne peut justifier par la raison ni la propriété, ni les lois même de la famille; qu'il est impossible de prouver Dieu. *Nous sommes incapables de connaître ni ce qu'il est ni s'il est.* Enfin qu'il n'y a pas de preuves de la vérité de la religion et qu'il ne peut pas y en avoir. *La religion n'est pas certaine.*

Havet justifie ces assertions par l'énumération des passages. La démonstration, suivant lui, est sans réplique.

Loin de croire au scepticisme de Pascal, je résumerais le livre qu'il voulait écrire en disant : Pascal est un croyant; jamais sur les questions de foi, le doute n'a effleuré son âme; mais, en dehors des vérités éternelles, rien ne l'intéresse, ou plutôt, rien ne lui semble digne d'intérêt. Il est, pour cette vie mortelle, dédaigneux, satirique et amer, nullement sceptique ; connaissant mieux que personne l'art de raisonner, il s'aperçoit, cela n'est pas difficile, qu'aucune des vérités énumérées par Havet n'est démontrable ; mais, de l'esprit il fait appel au cœur, c'est-à-dire à l'intuition, et les croit plus certaines que la géométrie. Si la raison confond les dogmatistes, la nature confond les pyrrhoniens. Ce sont ses propres paroles.

Quand il écrit dans l'espoir de ramener ceux qui doutent, il n'a jamais mérité qu'on lui applique cette parole des pharisiens : *Medice, cura te ipsum.*

Reproduisons, on le peut sans scrupule quand il s'agit d'un texte de Pascal, les pensées alléguées comme preuves.

« La coutume de voir les rois accompagnés de gardes, de tambours, d'officiers, et de toutes les choses qui plient la machine vers le respect et la terreur, fait que leur visage, quand il est quelquefois seul et sans ces accompagnements, imprime dans leurs sujets le respect et la terreur, parce qu'on ne sépare pas dans la pensée leur personne d'avec leur suite, qu'on y voit d'ordinaire jointe. Et le monde, qui ne sait pas que cet effet a son origine dans cette coutume, croit qu'il vient d'une force naturelle et de là viennent ces mots : le caractère de la Divinité est empreint sur son visage. »

» La puissance des rois est fondée sur la raison et sur la folie du peuple, et bien plus encore sur la folie. La plus grande et importante chose du monde, a pour fondement la faiblesse : et ce fondement-là est admirablement sûr; car il n'y a rien de plus sûr que cela, que le peuple sera faible. Ce qui est fondé sur la saine raison est bien mal fondé, comme l'estime de la sagesse. »

Les éditeurs de 1670 ont supprimé les lignes qui précèdent. Il n'y a ni à les en blâmer ni à les louer. Les officiers royaux, pour de moindres irrévérences, auraient empêché le débit du livre. Que l'on veuille bien relire les lignes de Pascal, et dire si cependant le serviteur le plus dévoué du grand roi, le croyant le plus sincère dans les choses de la foi, n'aurait pas pu les signer sans scrupule.

Un prince n'est qu'un homme! Cette vérité est partout connue. On ne feint de l'ignorer qu'à la cour. Fénélon ajoutait comme trait distinctif : faible cependant dans la conduite, et corrompu dans les mœurs. Fénélon n'était pas sceptique.

Corneille fait dire à Don Diègue :

[sommes!
Pour grands que soient les rois, ils sont ce que nous

Don Diègue pour cela, n'est pas un sceptique. Mascaron s'est écrié devant le cercueil de Louis XIV : « Dieu seul est grand, mes frères ! »

On a admiré la beauté de ce trait d'éloquence, non la hardiesse de la pensée.

« Les vrais chrétiens obéissent aux folies néanmoins ; non pas qu'ils respectent les folies, mais l'ordre de Dieu, qui, pour la punition des hommes, les a asservis à ces folies : *omnis creatura subjecta est vanitati. Liberabitur.*

» Ainsi saint Thomas explique le lieu de saint Jacques sur la préférence des riches, que s'ils ne le font dans la vue de Dieu, ils sortent de l'ordre de la religion. »

La pensée est obscure ; les éditeurs avaient droit de la supprimer comme telle. Mais peut-on reprendre de scepticisme celui qui invoque et croit connaître l'ordre de Dieu?

« Les seules règles universelles sont les lois du pays aux choses ordinaires et de la pluralité aux autres, d'où vient cela? de la force qui y est.

» Et de là vient que les rois, qui ont la force d'ailleurs ne suivent pas la pluralité de leurs ministres. »

« Sans doute l'égalité des biens est juste, mais ne pouvant faire qu'il soit force d'obéir à la justice, on a fait qu'il soit juste d'obéir à la force. Ne pouvant fortifier la justice, on a justifié la force, afin que le juste et le fort fussent ensemble et que la paix fût, qui est le souverain bien. »

C'est là résignation, non scepticisme. L'auteur de ces lignes veut, avant tout, la tranquillité et la paix. L'ordre social est injuste, qui en doute? Aucune raison ne justifie le pouvoir excessif des grands, ni la fortune des riches d'origine si douteuse. Pascal incline vers la république, peut-être vers le socialisme; mais il sait voir tous les côtés d'une question, et s'écrie avec une judicieuse terreur : Soumettons-nous. La paix est le plus grand des biens. Méprisons le monde. J'entends là le chrétien qui méprise tout sauf la seule affaire importante : *Porro unum est necessarium*. Je n'aperçois pas le sceptique.

« Ce chien est à moi, disent les pauvres enfants; c'est ma place au soleil. Voilà le commencement et l'origine de l'usurpation de toute la terre. »

Havet se demande comment Port-Royal a pu conserver un tel passage et s'il en a compris la portée.

L'apostrophe, si vive dans la forme, exprime une idée simple et banale. La propriété, pour Pascal, n'est de droit divin que lorsque Dieu l'institue lui-même.

Parmi les bienheureux, a dit Bourdaloue, qui jamais ne fut sceptique, « on n'entend pas ces termes de mien et de tien. C'est qu'on ne dit pas, cela est à moi! cela ne vous appartient pas! vous n'avez pas droit sur cela! » et il cite saint Jean Chrysostome : *ubi non est meum ac tuum frigidum illud verbum*.

La hardiesse de Bourdaloue égale celle de Pascal. Qui jamais a songé à en interdire la lecture?

« Le premier qui, ayant clos un terrain, s'avisa de dire : *ceci est à moi*, fut le vrai fondateur de la société civile. Que de guerres, de meurtres, que de misères et d'horreurs, n'eût point épargnés au genre humain celui qui, arrachant les pieux et comblant le fossé, eût crié à ses semblables : « Gardez-vous d'écouter cet impos-
» teur! vous êtes perdus si vous oubliez que les
» fruits sont à tous et que la terre n'est à per-
» sonne. »

C'est Rousseau qui le dit après Pascal. Mais, ni Pascal ni Rousseau, poursuivant leur rêve, n'ont ignoré qu'en supprimant cette cause de violence, de guerres et d'iniquités, on remplacerait la société par la barbarie. Rousseau consentait à passer outre; jamais Pascal n'en a accepté la pensée.

Si vive et si heureuse que soit l'expression, montrer une face de la question n'est pas prendre parti et juger.

« Qu'est-ce que nos principes naturels, sinon nos principes accoutumés? Et dans les enfants ceux qu'ils ont reçu de la coutume de leurs pères, comme la chasse dans les animaux.

» Une différente coutume en donnera d'autres principes naturels. Cela se voit par expérience; et s'il y en a d'ineffaçables à la coutume, il y en a aussi de la coutume contre la nature, ineffaçables à la nature et à une seconde coutume. Cela dépend de la disposition.

» Les pères craignent que l'amour des enfants ne s'efface. Quelle est donc cette nature sujette à être effacée? La coutume est une seconde nature qui détruit la première. Pourquoi la coutume n'est-elle pas naturelle? J'ai bien peur que cette nature ne soit elle-même qu'une première coutume, comme la coutume est une seconde nature. »

La nature ne suffit pas; Pascal n'a pas à s'en étonner, il sait que l'homme est déchu.

Toutes ces contradictions sont prévues. Pascal en triomphe pour la foi. C'est la note dominante des *Pensées*.

« — Notre âme est jetée dans le corps, où elle trouve : nombre, temps, dimension. Elle raisonne là-dessus et appelle cela nature, nécessité et ne peut croire autre chose. »

« — L'unité jointe à l'infini ne l'augmente de rien, non plus qu'un pied à une mesure infinie. Le fini s'anéantit en présence de l'infini, et devient un pur néant. Ainsi notre esprit devant Dieu; ainsi notre justice devant la justice divine. »

« — Il n'y a pas si grande disproportion entre notre justice et celle de Dieu, qu'entre l'unité et l'infini. »

« — Il faut que la justice de Dieu soit énorme comme sa miséricorde; or la justice envers les réprouvés est moins énorme et doit moins choquer que la miséricorde envers les élus. »

« — Nous connaissons qu'il y a un infini, et ignorons sa nature; comme nous savons qu'il est faux que les nombres soient finis : donc, il est vrai qu'il y a un infini en nombre : mais nous ne savons ce qu'il est. Il est faux qu'il soit pair, et il est faux qu'il soit impair; car, en ajoutant à l'unité, il ne change point de nature. Cependant c'est un nombre, et tout nombre est pair ou impair; il est vrai que cela s'entend de tous nombres finis. »

Les éditeurs ont conservé ce fatras. Pascal eût été plus sévère.

Il ajoute :

« Ainsi on peut bien connaître qu'il y a un Dieu sans savoir ce qu'il est.

» Nous connaissons donc l'existence et la nature du fini, parce que nous sommes finis et étendus comme lui.

» Nous connaissons l'existence de l'infini et ignorons sa nature, parce qu'il a étendue comme nous, mais non pas des bornes comme nous.

» Mais nous ne connaissons ni l'existence ni la nature de Dieu, parce qu'il n'a ni étendue ni bornes.

» Mais, par la foi, nous connaissons son existence : par la gloire nous connaîtrons sa nature. Or j'ai déjà montré qu'on peut bien connaître l'existence d'une chose sans connaître sa nature. »

J'ai reproduit les lignes qui précèdent parce qu'on les a signalées comme preuves de scepticisme. L'article des *Pensées* dont elles sont le début n'a rien qui justifie l'assertion. Pascal ajoute ensuite : « Parlons maintenant suivant les lumières de la raison. »

Ce qui suit, évidemment, ne peut révéler sa propre pensée. C'est une concession qu'il fait à la logique sans renier pour lui-même les seules bases de sa vie morale.

L'homme guidé par les seules lumières de la raison doit s'égarer et tomber aux plus bas fonds du plus horrible abîme. Il est déchu : la rédemption seule et la grâce peuvent le relever. Quand il a dit : Parlons suivant les lumières de la raison, Pascal décline la responsabilité des conseils et des conclusions qui peuvent suivre.

Pascal, en adversaire résolu, suit les sceptiques sur leur terrain et porte la guerre chez l'ennemi. Il accepte, puisqu'il le faut, le triste état de leur esprit, l'existence de Dieu est mise en doute; c'est l'hypothèse; il ne nie pas les preuves métaphysiques, mais repousse les subtilités. « Les preuves métaphysiques sont si éloignées du raisonnement des hommes et si impliquées, qu'elles frappent peu, et quand cela servirait à quelques-uns, ce ne serait que pendant l'instant qu'ils voient cette démonstration, une heure après, ils craignent de s'être trompés. »

Pascal ne varie pas : il faut, dans les questions de foi, s'adresser au cœur, jamais à l'esprit. C'est la colonne de son édifice.

L'Écriture lui enseigne la voie.

« C'est une chose admirable que jamais auteur canonique ne s'est servi de la nature pour prouver Dieu. Tous tendent à le faire croire. David, Salomon jamais n'ont dit : il n'y a point de vide, donc il y a un Dieu. Il fallait qu'ils fussent plus habiles que les plus habiles gens qui sont venus depuis et qui s'en sont tous servis. Cela est très considérable. »

« Si c'est une marque de faiblesse de prouver Dieu par la nature, n'en méprisez pas l'Écriture. Si c'est une marque de force d'avoir connu ces contrariétés, estimez-en l'Écriture. »

On a cru, dans une page de Pascal, voir l'application du calcul des probabilités à la démonstration de l'existence de Dieu. C'est lui prêter injustement un ridicule. Pascal acceptant, comme hypothèse, le doute sur l'existence de Dieu, doit, la logique l'exige, rencontrer le dilemme : ou Dieu existe, ou il n'existe pas. L'incrédule hésite! chaque opinion pour lui est donc plus ou moins probable; Pascal ne tente nullement l'examen du problème pour le réduire en formules et en chiffres. Il n'associe au mot probabilité rien qui tienne à l'algèbre; la mesure exacte ou approchée des chances reste en dehors de son argument. Puisque deux hypothèses sont possibles, on pourrait établir un pari. Il y a deux choses dans un pari : la chance de gagner et la somme hasardée. Pascal ne s'occupe que de l'enjeu. L'impie qui parie pour l'athéisme, sera damné s'il perd. Rien n'est trop cher, quelles que soient les chances, pour se soustraire à ce formidable risque.

Le Vieux de la Montagne, pour exalter l'imagination des Assassins, appliquait la règle des partis avec autant de confiance et plus de succès que Pascal qui l'a inventée. Un bonheur parfait et éternel entrevu, même en rêve, n'a pas besoin d'être une certitude pour valoir un prix infini. Devant un tel espoir disparaissent, comme indignes d'attention, et négligeables, les plaisirs, les chagrins et les douleurs de ce misérable monde. Pascal employait son éloquence à faire trembler devant l'enfer chrétien les esprits préparés par l'étude; Aladin ses artifices à enivrer, par l'espoir du paradis de Mahomet, des hommes grossiers et charnels : l'analogie est évidente.

La règle des partis, quels que soient les hasards mis en présence, mesure avec rigueur l'enjeu dû équitablement par chaque joueur; elle est fort simple. Si on met un objet en loterie, l'ensemble des billets doit en égaler la valeur. Le prix équitable du billet s'accroît donc en raison de la valeur du gain espéré, et si le gain devient infini, le prix de chaque billet, quel que soit leur nombre, doit aussi devenir infini.

La règle, en assignant le prix de chaque billet, ne démontre pas qu'il soit sage d'en prendre un. Mettez cent milliards en loterie; créez cent mille billets : chacun vaudra un million de francs. Je serais fort surpris qu'on en pût placer un. Pascal prévoit l'objection et s'écrie : oui, mais il faut parier! C'est de quoi je ne conviens pas. En vain vous le démontrez, les honnêtes gens sont innombrables qui, même après avoir admiré votre livre, ne parient pas et vivent heureux, résignés, sans remords, au mépris de Pascal pour leur folie.

Il serait injuste d'en accuser le duc de Roannez; après comme avant la rectification du texte, un sceptique peut se dire : J'ai cultivé chez moi l'esprit géométrique et l'esprit de finesse; on ne dit pas que ce soit sans succès. La crainte d'une éternité de tourments ne peut me laisser indifférent. Pascal, le grand Pascal, si ingénieux et si persuasif, m'enseigne à l'éviter. Il connaît la route et m'affirme qu'elle est sûre. Ses conseils, lus et relus avec attention, ne l'ont pas éclairée pour moi. Le flambeau ne s'est pas allumé. J'ai acquis le droit, sans aucun reproche de conscience, de me résigner aux ténèbres.

Un voyageur, épuisé de fatigue, arrive, pendant la nuit, devant le palais d'Armide. Tout est en fête, tout respire la joie. Les jardins sont illuminés, la musique est entraînante, les voix mélodieuses, les chants remplis de mollesse, les murmures voluptueux et suaves. « Entrez ! lui crie-t-on, la porte est ouverte, venez partager nos plaisirs ! — Je ne vois, répond le voyageur, que des murailles infranchissables. — La porte est enchantée, crie alors la voix ; visible à ceux qui sont beaux, bien faits et d'agréable tournure. Vous êtes laid, mal vêtu, couvert de poussière ; passez votre chemin ! »

Le voyageur s'éloigne, persuadé qu'on s'est moqué de lui.

FIN

TABLE

Préface.. 1
Vie de Pascal.. 1
Les Provinciales... 125
Pascal géomètre et physicien............................... 283
Le Livre des Pensées....................................... 339

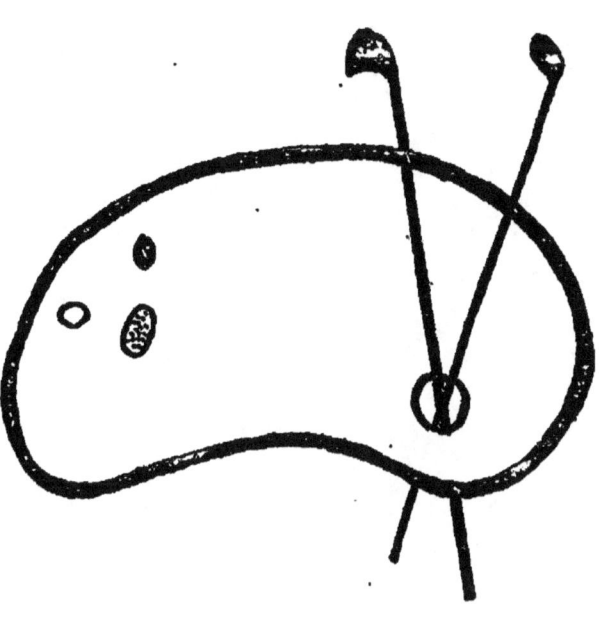

ORIGINAL EN COULEUR
NF Z 43-120-8

www.ingramcontent.com/pod-product-compliance
Lightning Source LLC
Chambersburg PA
CBHW051829230426
43671CB00008B/884